人生十修

罗 金/著

台海出版社

图书在版编目(CIP)数据

人生十修 / 罗金著. —北京:台海出版社,2016.5

ISBN 978-7-5168-0852-8

Ⅰ.①人… Ⅱ.①罗… Ⅲ.①人生哲学–通俗读物
Ⅳ.①B821-49

中国版本图书馆 CIP 数据核字(2016)第 098509 号

人生十修

著　　者:罗　金

责任编辑:王　萍

装帧设计:天下书装　　　　　版式设计:通联图文

责任校对:唐思磊　　　　　　责任印制:蔡　旭

出版发行:台海出版社

地　　址:北京市朝阳区劲松南路 1 号　　邮政编码：100021

电　话:010-64041652(发行,邮购)

传　真:010-84045799(总编室)

网　址:www.taimeng.org.cn/thcbs/default.htm

E-mail:thcbs@126.com

经　销:全国各地新华书店

印　刷:北京柯蓝博泰印务有限公司

本书如有破损、缺页、装订错误,请与本社联系调换

开　本:710mm×1000 mm　　　　1/16

字　数:186 千字　　　　　　　印　张:15

版　次:2016 年 6 月第 1 版　　　印　次:2016 年 6 月第 1 次印刷

书　号:ISBN 978-7-5168-0852-8

定　价:36.00 元

前 言 /Preface

1

"春有百花秋有月，夏有凉风冬有雪，若无闲事挂心头，便是人间好时节。"如此恬淡平适，是一代高僧星云大师的内心写意。星云大师在讲道中谈起自己的一生，他说："我一生没有遗憾，希望你们也能得度欢喜。"

星云大师的佛学开示语重心长，倍感亲切，发人深省，释发学识精义，对大众的人生拓展、学业、事业、生活及修养心性诸方面进行分析和指导，可谓是"佛光普照三千界，法水长流五大洲"。而他倡导的"人生十修歌"，更是将欢喜与融和、同体与共生、尊重与包容、平等与和平、自然与生命、圆满与自在、公是与公非、发心与发展、自觉与行佛等推向了高潮。

2

佛家认为，我们的人生就是一场修行。佛说：佛法在世间，不离世间觉。离世觅菩提，恰如求兔角。也就是说，修行如果与生活脱节，就算学再多的佛法，也是没有用的。

星云大师说，普通人对禅的认识的最大误区之一，就是把做事与修行分开。其实，黄檗禅师开田、种菜，沩山禅师和酱、采茶，石霜禅师磨麦、筛米，临济禅师栽松、锄地，雪峰禅师砍柴、担水，还有仰山禅师的牧牛、洞山禅师的果园等，都说明了一个道理：禅在生活中，生活才是禅。

禅宗的要义有一条就是：坐也禅，立也禅，吃饭、喝水都是禅，日常生活即是禅。佛家的修行并不是总要坐在那里闭目默想，或者一味地敲着木鱼念经，吃饭穿衣、一言一行都是修行。修行就是修心，修持一颗平静的心，心放正了，一切都会一帆风顺。

生活其实很简单，就是在当下；修行其实也很简单，就在身边。生活中处处体现修行，修行时时出于生活。生活的不如意，就是修行上的一点点精进，一分分增上。处处圆融，随缘自在，这就是生活，这就是修行。

修行有很多内容，特别是今天，面对这个物欲横流的世界，人们比任何时候都要经受更多的诱惑。如果不能有一个正确的是非标准，不能有正确的人生观、价值观，我们随时都可能成为欲望的奴隶，从而在人海中迷失自己。因此，每天每时，我们都要记住：我们是在进行一场修行。

3

阅读本书中星云大师鼎力推荐的佛家十修偈语，跟着作者深入浅出地理解偈语谕示，你就能看到星云大师就普通大众所关心的财富、教育、健康、家庭、成功等人生课题展开的真理和智慧。在书中，作者循序渐进、通俗易懂地引领读者亲炙大师真诚与慈悲的人文关怀与生命关注，而透过本书精辟而又易于为普通人接受和理解的分析，又可提供给现代人更宏观的视野以及更深层的省思。

让我们一起踏入修行之路，一条通往人类内心最深远处的道路。在这条道路的尽头，我们可以找到一种智慧，这种智慧能够让我们了解生命的真谛，使我们的生命达到充满喜悦的圆满状态。

花开结果，即是菩提。如果能学会用一颗佛心来感悟人生，那么在尘事中，你就会慢慢地修炼成一朵花，人生也会变得更加幸福快乐。

目 录 /Contents

第三章

三修：处事有礼貌，教养悦人心

昔日马胜比丘以威仪度化舍利弗，成为千古的佳话。因此，树立良好的形象，不但是做人的基本条件，更可以成为度众的方便法门。

——星云大师

第四章

四修：见人要微笑，常驻欢喜心

请不要抱怨世人的势利，事实上，如果换了你，你也不会乐意在一个整天絮叨、愤怒、仇恨的人身边多待。

——星云大师

第五章 **第五修：吃亏不要紧，磨难为上缘**

吃亏是福，藏匿着天理人欲的平衡，若要将吃亏是福作为人生信念来守持，必须接受佛学理念的三世说。当然，对于崇尚争眼前、争一时、争朝夕的急功近利的急躁心态来说，这一说法是不对他们心路的。

——星云大师

六修：待人要厚道，布施勿求报

你可以没有学问，但不能不会做人。人难做，做人难。在现今的社会，人要有表情、音声、笑容，才会有人情味。懂得感恩者，才会富贵。一点头、一微笑、主动助人，都是无限恩典。

——星云大师

七修：心内无烦恼，自在乐逍遥

禅者有一颗"美心"，所谓"心美，一切皆美"，这个"心美"就是禅。懂得欣赏，平凡枯燥的生活也有它的温馨，身处嘈杂的闹市之中也能感觉很美；不懂得欣赏，身处人间仙境也会觉得毫无趣味。

——星云大师

第八章

八修：口中多说好，言谈悦人心

　　多年以前，曾经在一篇文章里读到这么一句话："语言，要像阳光、花朵、净水。"当时深深感到十分受用，于是谨记心田，时刻反省，随着年岁的增长，益发觉得其中意味深长。

——星云大师

第九章

九修：所交皆君子，同道方为朋

　　佛陀弘法时处处宽容那些迫害、诬陷、加害他的人，同时以自己骨肉的割舍，促使伤害他的人有所警觉，在成佛之后，第一个度的人便是自己的朋友。

——星云大师

第十章 十修：大家成佛道，自己度自己

和许多传说一样，释迦牟尼的降生也带有强烈的神话色彩，但这并不妨碍我们从中领悟做人的思想和精神。佛祖是在开释我们：人人皆有佛性，人人皆可成佛。

——星云大师

第一章

一修：
人我不计较，宽容遍法界

不论是学佛还是处世，包容的智慧都弥足珍贵。

——星云大师

1.佛法倡导的包容精神

星云大师说："不论是学佛还是处世，包容的智慧都弥足珍贵。"真正的佛法，对于世间的一切都是恭敬的，这是佛的精神。所以，即使你不信佛法，也应该学会佛法倡导的包容精神。

禅宗有一则公案。

有位将军向白隐禅师问道："真的有天堂和地狱吗？"

禅师反问："你是做什么的？"

"我是一个大将军。"

白隐禅师大喝一声："是谁有眼无珠请你当将军？你看来倒像是个屠夫！"

将军闻言怒不可遏，拿起腰间的刀做势要砍向禅师。禅师即说："地狱之门由此开。"

将军惊觉自己失态，即收起嗔怒心，向禅师作礼。禅师说："天堂之门由此开。"

蔺相如对廉颇傲慢无礼的宽容忍让，最终感化了廉颇，使之自愿负荆请罪，留下了千古美谈将相和，使赵国虽小而无人敢犯；周总理以其容纳天地的博大胸怀，在外交上奉行求同存异、和平共处方针，造就了他伟大的人格，树立了中华民族的大国风范。

邻里间的团结和睦需要宽容，夫妻间的白头偕老需要宽容，一个健康文明进步的社会更是处处离不开宽容。假如没有了宽容，则国与国之间会兵戎相见，人与人之间会拳脚相加，社会将因此变得黯然。

所以说，在现代社会，宽容是必须修炼的一门人脉课。

首先，学会宽容，就学会了做人的责任。

"相逢一笑泯恩仇"是宽容的最高境界，能做到的人并不多。但即使如此，我们也不应放弃这种追求。因为忘却别人的过失，以宽容的心态对人，以宽阔的胸怀回报社会，能够形成利人利己、有益社会的良性循环。屠格涅夫曾说："不会宽容别人的人，不配受到别人的宽容。"所以，如果你能宽容别人，那么，在自己有过失或错误的时候，也往往能得到他人的宽容。

"虽然我不同意你的观点，但我誓死捍卫你说话的权利。"这是法国启蒙思想家伏尔泰的一句呐喊，这体现了一种对"异见"的胸怀，是一种高层次的包容。

其次，要做到合作和良性竞争，宽容是最基本的要求。

人和人对事物的理解总会有些不同，所以我们一定会遇到不同意见。如果不能宽容地对待别人的异议，我们将寸步难行；相反，如果能够相互尊重、相互包容、求同存异、真诚相对，就能拥有良好的人际关系。

有个人非常不善于和人打交道，经常与人发生口角。后来，他向一位大师请教："我总是容易和别人发生矛盾，因为他们总是拿出一些我不能接受的意见，您说我该怎么办？"

大师想了一会儿，说："你说水是什么形状的？"

此人见大师"词不达意"，茫然地摇头说："水哪有形状？"

大师笑着说："我把水倒进一只杯子里，水难道还没有形状吗？"

这人似有所悟，说："我知道了，水的形状像杯子。"

大师又说："如果我把水倒进花瓶呢？"

这人很快又说："哦，这水的形状像花瓶。"

大师摇头，又把水倒入一个装满泥土的盆中，水很快就渗入土中，消失不见了。这人陷入了沉思。

这时，大师感慨地说："看，水就这么消逝了，这就是人的一生。"

那个人沉思良久，忽然站起来，高兴地说："我知道了，您是想通过水告诉我，我们身边的人就是不同的容器，想与他们相处得好，就要把自己变成可以倒入各种容器中的水。是不是这个道理？"

大师微笑着说："你现在已经有所得，但还不完全正确。"看着重新陷入迷思的信徒，大师接着说："水井里的水，河里的水，海里的水，虽然有不同的形态，可它们都是水。"

这个人恍然大悟："人其实也应该像这水一样，能够顺应和包容外界的变化，但永远不改自己的本色。"

大师笑着点了点头。

对于生活中的不同意见，我们应该像水一样去包容、改变。水之所以能在不同的环境中存在，就是因为水"不较真"。它没有自己的形状，却从来不改变自己的本质。道家也非常推崇水的意义，他们说"水善利万物而不争"，其实也是在赞叹水的宽容。

包容的力量是巨大的。批评会让人不服，谩骂会让人厌恶，羞辱会让人恼火，威胁会让人愤怒，唯有宽容让人无法躲避、无法退却、无法阻挡、无法反抗。

2.慈悲为怀，与人为善

佛说：信佛，学佛，不是为自己，乃是为了一切苦海中的众生。

星云大师在谈到他对佛的理解时曾说："最坏的人，也曾做过许多好事，而且不会永远坏；好人也曾做过许多坏事，将来也不一定会好。如此我们反复思索，所谓的冤亲、贤愚，这许多差别的概念，自然就会渐渐淡了。这绝对不是混沌，也不是不知好坏，而是要将我们有始以来的偏私差别之见，以一视同仁的平等观念罢了！"

盘珪禅师是一位得道的高僧，很多误入迷途的人都因他的感化而获得新生。

他的一个学生有偷窃的坏毛病，禅师多次教诲，学生都没当回事。后来因为行窃被人抓住，面对找上门来的失主，禅师的众学生感到羞愧难当，纷纷要求禅师严惩那个学生。但盘珪用自己的宽厚仁慈之心原谅了那个学生。

可是没过多久，那个学生竟然又因为偷窃而被抓，众学生觉得忍无可忍，为了寺院的名声，他们一致认为要把那个偷窃的学生赶出去。于是众人联名上书，表示如果再不处罚这个人，他们就集体离开。

盘珪看了他们的联名上书，把学生们都叫到跟前来说："你们都能够明辨是非，这是我感到欣慰的。你们是我的学生，如果你们认为我教得不对，可以去别的地方，但我不能不管他，因为他还不能明辨是非，如果我不教他，谁教他呢？所以，不管怎么样，即使你们都离开我了，我也不能让他离开，他需要我的教诲！"

众学生听后，心中的不满不知不觉间消散了，对禅师更加尊敬。而那个偷窃者早已感动得热泪盈眶。

佛曰：放下屠刀，可以立地成佛。善恶只在一念之间。从本性上看，每个人都是一样的！

有一次，弘一法师到他之前的学生丰子恺家中做客，丰子恺忙请他在一把藤椅上就座。他却先把藤椅轻轻地摇动了几下，然后才慢慢地坐下去。丰子恺感到十分不解，却也不好意思多问。

可从那以后，法师每次坐下来之前都要重复相同的动作，都是先轻轻摇动几下藤椅之后才肯坐。丰子恺便忍不住问法师为什么要这样，法师回答说："这椅子里头，两根藤之间，也许有小虫伏着，突然坐下去，会把它们压死，所以先摇动两下，再慢慢地坐下去，好让他们避走。"

弘一法师在离世4个月之前，就已谢绝医药，有条不紊地交代后事。还特意向妙莲交代了几件事，其中一件是叮嘱身体火化时，在周围四角放4只装满水的小碗，以免蚂蚁进去被焚化……

弘一法师也曾说过："畜生亦有母子情，犬知护儿牛舐犊，鸡为守雏身不离，鳝因爱子常惴缩，人贪滋味美口腹，何苦拆开他眷属，畜生哀痛尽如人，只差有泪不能哭。"

佛家典籍《宝鬘论》中说："每日三时施，三百罐饮食，然不及须臾，修慈福一分。天人皆慈爱，彼等恒守护，喜乐多安乐，毒刀不能害。"

有一位得道的禅师在外云游。一天，他在山上林下打坐，忽然一只受伤的野兔逃到禅师座前，禅师便以衣袖掩护着这只死里逃生的小生命。

不一会儿，一个壮士气喘吁吁地跑来向禅师索讨野兔："请将我射中的野兔还给我！"

禅师带着耐性，无限慈悲地开导那个壮士："它也是一条生命，放过它吧！"

壮士说："你要知道，那只野兔可以当我的一盘菜哩！"

无论禅师怎样劝解，壮士始终不依不饶地和他纠缠。禅师没有办法，拿起身旁的戒刀，把自己的耳朵割下来，送给贪婪的壮士，并且说："这两只耳朵，够不够抵你的野兔，你可以拿去做一盘菜了。"

壮士吓了一大跳，终于觉悟到杀害生灵是件残忍的事情。

玄素是唐代的一个得道高僧。有一次，一个恶贯满盈的屠夫心血来潮，他效仿别人想要供请玄素。人们都认为玄素肯定不会去，但玄素毫不犹豫地就去了。人们对此很不解，就向他询问缘由。玄素回答说："佛性平等，贤愚一致，可度者，我即度之，有何差别。"

"心怀天下苍生，时时克制世间名、利、情的袭扰，用坚韧不拔的毅力勤奋精进，追求真理，修得的无穷的智慧以慈悲善良的胸怀普度众生，引导大家脱离人生为名利无休止争斗的苦海……"这就是佛的境界。

学佛修行之可贵，在于常涌慈悲心，视万物与我一体，同体大慈力，同怀大悲心，即使在境界现前时，亦能超脱凡情、俗念，拂逆困厄，而不变道心。"如果人人都有一颗慈悲心，这个世界会越来越温暖，处处充满爱和友善。我们应该有一颗慈悲为怀、与人为善的佛心。

3.不念旧"恶"，感化他人

星云大师认为，不念旧恶，既是包容别人，也是感化他人。如果每个人都可以做到这样，这个世界就会多出几分仁爱，而少去许多的怨恨。

在汉末三国的宛城之战中，张绣投降曹操后，又乘曹操不备，伺机发难，杀了曹操的长子曹昂、侄子曹安民和爱将典韦，就连曹操自己的左臂也被张绣的士兵乱箭射伤，险些死在乱军之中。这可算是曹操戎马生涯中少有的几次险境之一，两人之间的仇怨不可谓不深。后来，张绣为躲避袁绍的报复，又再次向曹操投降时，曹操非常热情地迎接他。曹操的一个部下进言道："张绣与您有大仇，为什么不杀了他呢？"曹操却说："张绣当初之所以能给我损子折将，那是因为他有本事，是个人才。"因而不仅既往不咎，未报杀子之仇，还与张绣结成了儿女亲家，并封张绣为扬武将军。

就曹操的人品而言，史书上众说纷纭，不过无论哪家的学说，都没有把他标榜为一个坦荡君子。刘备、孙权、曹操，汉末三国的三位君主中，曹操是被人诟病最多的，但魏国却比蜀吴两国更加强大，这当中曹操那不念旧恶的品格无疑帮了他大忙。事实证明，曹操是正确的，后来张绣在官渡之战中立下了战功，为曹操统一北方奠定了基础。

人要有点"不念旧恶"的精神，况且在人与人之间，在许多情况下，人们误以为"恶"的，未必就真的是"恶"。退一步说，即使是"恶"，只要对方心存歉意，诚惶诚恐，你不念恶，礼义相待，进而对他表示格外的亲近，也会使为"恶"者感念你的"诚"，改"恶"从善。

唐朝的李靖曾任隋炀帝时的郡丞，最早发现李渊有图谋天下之意，便向隋炀帝检举揭发。李渊灭隋后要杀李靖，李世民反对报复，再三请求保他一命。后来，李靖驰骋疆场，征战不疲，安邦定国，为唐王朝立下了赫赫战功。魏征也曾鼓动太子建成杀掉李世民，李世民登基后同样不计旧怨，量才重用，使魏征觉得"喜逢知己之主，竭其力用"，也为唐王朝立下丰功。

宋代的王安石对苏东坡的态度，应当说，也是有那么一点"恶"行的。他当宰相那阵子，因为苏东坡与他政见不同，便借故将苏东坡降职减薪，贬官到了黄州，搞得他好不凄惨。然而，苏东坡胸怀大度，他根本不把这事放在心上，更不念旧恶。王安石从宰相位子上垮台后，两人的关系反倒好了起来。苏东坡不断写信给隐居金陵的王安石，或共叙友情，互相勉励，或讨论学问，十分投机。苏东坡由黄州调往汝州时，还特意到南京看望王安石，受到了王安石的热情接待，二人结伴同游，促膝谈心。临别时，王安石嘱咐苏东坡：将来告退时，要来金陵买一处田宅，好与他永做睦邻。苏东坡也满怀深情地感慨说："劝我试求三亩田，从公已觉十年迟。"二人一扫嫌隙，成了知心好友。

子曰："伯夷、叔齐不念旧恶，怨是用希。"孔子说："伯夷、叔齐两个人从来不记别人过去的罪恶，别人对他们的怨恨自然也就少了。"孔子一向都非常赞扬他们的高尚品格，对他们这种不念旧恶的博大胸怀更是倍加推崇。

相传唐朝宰相陆赞，有职有权时曾偏听偏信，认为太常博士李吉甫结伙营私，便把他贬到明州做长史。不久，陆赞被罢相，被贬到了明州附近的忠州当别驾。后任的宰相知道李、陆有这点私怨，便玩弄权术，特意提拔李吉甫为忠州刺史，让他去当陆赞的顶头上司，意在借刀杀人。不想李吉甫不记旧怨，上任伊始，便特意与陆赞饮酒结欢，使那位现任宰相的借刀杀人之计成了泡影。对此，陆赞自然深受感动，于是，他积极出点子，协助李吉甫把忠州治理得一天比一天好。

李吉甫不搞报复，宽待别人，也帮助了自己。

最难得的是将心比心，谁没犯过错呢？当我们有对不起别人的地方时，是多么渴望得到对方的谅解，希望对方能把这段不愉快的往事忘记。既然如此，我们为什么不能用如此宽厚的理解去对待他人呢？

古往今来，不计前嫌、化敌为友的佳话举不胜举。以古为鉴可以让我们明白事理，明辨是非，把握前途。我们应该有良好的气度，拥有高尚的品德，不责难别人微小的过错，不揭发别人的隐私秘密，不铭记别人过去的错误。这三种做法可以培养一个人的品德，也可以使人远离危害。

4.和"不喜欢"自己的人友好相处

人生在世，我们每天免不了要与形形色色的人打交道，在这些人中，难免会有不喜欢你的人。如果你与他们个个都要较真，你一天不知道要得罪多少人，也不知道要生多少气。

别人不喜欢你，你也不喜欢他，这样，他就不存在了吗？你将厌恶写在脸上，或者与其针锋相对，只能说明你气量狭小。能容得下不喜欢你的人，并与之和睦相处，体现的不只是一个人的修养，更是气度和胸怀。

我们早就不是单纯的孩子了，至少要懂得与人为善，不轻易树敌的道理，遇到不喜欢你的人，适当的忍让，保持表面上的和谐，才能顾全大局。

虽然人的某种本能趋势就是与喜欢自己、欣赏自己的人靠近，而远离那些不喜欢自己的人，但是，生活中没有那么多的随心所欲，由于各种各样的原因，我们经常要与不喜欢自己的人，这就需要用到一些技巧：用真诚的态度对待每一个人，包括不喜欢你的人。

被后世誉为"全世界最伟大的矿产工程师"的哈蒙从著名的耶鲁大学毕业后，又在德国弗来堡攻读了3年。当毕业后的哈蒙向美国西部矿业主哈斯托求职时，脾气执拗、注重实践、不太信任专讲理论的人员的哈斯托说："我不喜欢你的理由就是因为你在弗来堡做过研究，我想你的脑子里一定装满了一大堆傻子一样的理论。因此，我不打算聘用你。"

这时，哈蒙没有怒气冲冲地为此事争执，反而假装胆怯，对哈斯托说道："如果你不告诉我的父亲，我将告诉你一句实话。"当哈斯托表示守约后，哈蒙便说道："其实在弗来堡时，我一点学问也没有学回来，我尽顾着实地工作，多挣点钱，多积累点实际经验了。"

听完哈蒙的回答，哈斯托连忙笑着说："好！这很好！我就需要你这样的人。"

哈蒙了解了哈斯托的偏见后，并没有去斤斤计较，反而是尊重他的意见，维护他的"自尊心"，并巧妙地消除了他的顾虑。

学会和不喜欢你的人相处，并没有想象中那么难，摒除自己的偏见是最关键的。不喜欢某些人也并不代表一定要完全讨厌对方，只要我们能主动一点，改变对方的态度，就一定能将可能形成的敌对局面变成一片和谐。

第一，要增加接触的机会，对对方好一些。也许你选择躲避这些人，但多接触有助于改善关系。

第二，不要来硬的，要投其所好，如果对方喜欢喝点小酒，那就私下请他喝点，如此可改善关系。

第三，大家在一起的时候，要主动地活跃气氛，多讲讲笑话，让大家一起乐一乐。

第四，保持适当的距离，不要因为对方不喜欢你而表现出不满。

第五，在关系僵持或恶化的时候，一定要主动表示友好，不要觉得难为情。

第六，包容和忍让是最重要的。哪怕你善待对方，对方还是对你不好，你仍旧要继续保持与对方友好的态度，毕竟连草木、动物都有感情，更何况是人呢？只要心存善念，不断地付出，对方一定会转变。

一个真正智慧的人，在对待不喜欢自己的人时，也会示以尊重，笑脸相迎，与之友好相处。这是气度，更是胸襟。

5.佛说原来怨是亲

"佛说原来怨是亲。"关于这句话，星云大师这样解释："纵使别人怨恨我们，我们都要拿他当自己的亲人，都要感谢他。为什么呢？因为没有他人制造的'磨难'，我们的心就无从提高。"

一位老人为了让儿子们多一些人生历练，便对他3个儿子说："你们三人出门去，3个月后回来，把旅途中最得意的一件事告诉我。我要看你们中哪一个所做的事最让人敬佩。"之后，3个儿子就动身出发了。

3个月以后，他们回来了，老人问他们每人所做的最得意的事。

长子说："有个人把一袋珠宝存放在我这里，他并不知道有多少颗宝石，假如我拿他几个，他也不知道。等到后来他向我要时，我原封不动地归还给了他。"老人听了之后说："这是你应该做的事，若是你暗中拿他几颗，你岂不变成了卑鄙的人？"长子听了，觉得这话不错，便退了下去。

次子接着说："有一天我看见一个小孩落入水里，我救他出来，他的家人要送我厚礼，我没有接受。"老人说："这也是你应该做的事，如果你见死不救，你心里怎能无愧？"次子听了，也没话说。

最小的儿子说："有一天我看见一个病人昏倒在危险的山路上，一个翻身就可能摔死。我走上前一看，竟然是我的宿敌，过去我几次想报复，都没有机会，这回我要制他于死地可以说是不费吹灰之力，但是我不愿意暗地里害他。最终，我把他叫醒，并将他送回了家。"老人不等他说完，就十分赞赏地说道："你的两个哥哥做的都是符合良心的事，不过你所做的是以德报怨，彰显出了良心的光芒，实在是难得。"

做该做的事，仅仅是不昧良心，但做到原来不易做到的事，却能显出心胸的宽广仁厚。常人要想成就一番事业，都得经过九九八十一难，更何况我们追求的心灵修行？你若能悟，就能把加害、诽谤你的人当作亲人。

学会宽恕别人的过错，就是学会善待自己。仇恨只能永远让你的心灵生活在黑暗之中；而宽恕却能让你的心灵获得自由，获得解放。宽恕别人的过错，可以让你的生活更轻松愉快。

佛经中有句话说："佛印的心宽遍法界，即心即佛。"这句话是号召僧众要懂得宽恕，这样才能具有佛心，求得佛果。

关于宽恕，有位作家说："当一只脚踏在紫罗兰的花瓣上时，它却将香味留在了那只脚上。"

一位名叫卡尔的卖砖商人，由于另一位对手的竞争而陷入了困难之中。对方在他的经销区域内定期走访建筑师与承包商，告诉他们：卡尔的公司不可靠，他的砖块不好，其生意也面临即将歇业的境地。

卡尔对别人解释说，他并不认为对手会严重伤害到他的生意。但这件麻烦事使他心中生出无名之火，真想"用一块砖来敲碎那人肥胖的脑袋作为发泄"。

"有一个星期天的早晨，"卡尔说，"牧师讲道的主题是：要施恩给那些故意让你为难的人。我把每一个字都记下来了。就在上个星期五，我的竞争者使我失去了一份 25 万块砖的订单。但是，牧师却教我们要以德报怨，化敌为友，而且他举了很多例子来证明他的理论。当天下午，我在安排下周日程表时，发现住在弗吉尼亚州的我的一位顾客，正因为盖一间办公大楼而需要一批砖，而他所指定的砖的型号不是我们公司制造供应的，却与我竞争对手出售的产品很类似。同时，我也确定那位满嘴胡言的竞争者完全不知道有这笔生意。"

这使卡尔感到为难，是遵从牧师的忠告，告诉给对手这项生意，还是按自己的意思去做，让对方永远也得不到这笔生意？

到底该怎样做呢？

卡尔的内心挣扎了一段时间，牧师的忠告一直盘踞在他心里。最后，也许是因为很想证实牧师是错的，他拿起电话拨到了竞争对手家里。

接电话的人正是那个对手本人，当时他拿着电话，难堪得一句话也说不出来。但卡尔还是礼貌地直接告诉他有关弗吉尼亚州的那笔生意，那个对手很是感激卡尔。

卡尔说："我得到了惊人的结果，他不但停止散布有关我的谎言，甚至还把他无法处理的一些生意转给我做。"

以德报怨，化敌为友，这才是你应该对那些终日想要让你难堪的人所能采取的上上策。

当你选择宽恕别人过错时，你便获得了一定的自由。因为你已经放下了责怪和怨恨的包袱，无论是面对朋友还是仇人，你都能够报以甜美的微笑。佛法中常讲究缘分，在众生当中，两个人能够相遇、相识，那便是缘分。当你因为仇恨而与别人相识，不可否认的是，在你的心里已经牢牢记住了对方的名字，如果你因为整天想着如何去报复对方而心事重重，内心极端压抑，实在很不值得。倒不如放下仇恨，宽恕对方，或许，因此你可以多一个可以谈心的好朋友。

以德报怨，充满爱的精神，我们才能找到心灵的家园。

6.让你赢，我也没有输

星云大师认为，争论是世界上最大的"空耗"。他说："你要赢，就让你赢好了，反正，我也没有输啊！"

小和尚来到山下的河边挑水，一个人忽然走上前来问："小和尚，我问你个问题，可以吗？"

"当然可以。"

那人问："你知道一年有几季吗？"

小和尚以为他会问什么高深的问题，没想到这么简单，就脱口而出："四季！"

"不对！三季！"

"谁都知道，一年有四季，春夏秋冬，一季三个月。你说三季，这三季叫什么？"小和尚有点儿不悦地说。

"三季叫早季、中季、晚季，一季有四个月。"那人非常武断地说。

"四季！"

"三季！"

小和尚和那个人争得脸红脖子粗，谁也不让谁。

后来，那个人提议说："这样吧，咱们问你的师父，他要是说一年四季，算我输，我给你磕三个头；他要是说一年三季，你输，你给我磕三个头。怎么样？"

"行。走吧。"小和尚自信地说。

于是，他们来到觉慧师父的面前，说明来意。

觉慧师父看了看那个人，微笑着说："是你对了，一年只有三季。"

小和尚听得目瞪口呆，用怀疑的目光看着师父。

觉慧师父对小和尚说："快给他磕三个头吧。"

因为事先有约，小和尚不得不给他磕了三个头。

那个人得意地下山了，小和尚不解地问师父："师父，一年明明是四季，你怎么说三季？"

觉慧师父说："他问这么简单的事，就说明他是一个不简单的人！你看他那个样子，我要是说四季，他会那么得意地下山吗？跟这种人较真，你就是赢了，也是输了。"

小和尚回到房里，越想越气，不想在这儿再待下去了，于是收拾行李下山了。

觉慧师父知道后不以为然地说："让他去吧，让他去吧，过几天，他想通了就会回来，善哉善哉。"

几天后，小和尚在闹市中看到两个人大打出手，其中一个就是在前几天问他一年有几季的那个人，两个人都打得头破血流，伤得不轻。

　　小和尚问旁边的人他们为何打架，旁人告诉他，两人因为一年有几季的问题争吵不休，后来就打了起来。见此，小和尚心想：还是师父高明，不然，我也会和人家打起来。小和尚默默地离开了，他决定回去继续修行。

　　的确，什么人能用辩论换来胜利呢？在辩论结束之时，争论的双方十有八九会比原来更坚持自己的论调。我们能在辩论中获胜吗？永不可能，因为假如我们辩论输了，那便是无话可说；就算是赢了，一样也是"输"。为什么呢？假如我们赢了对方，把他的说法攻击得体无完肤，那又能怎样呢？因一时的胜利得到的快感维持不了多久。相反，如果对方在争辩中输了，必然会觉得自尊心受损，日后找到机会必然又是报复，这样很容易形成恶性循环，给你的生活带来无数麻烦。

　　仙崖禅师有一次外出弘法，在路上，他遇到了一对正在吵架的夫妇。

　　妻子说："你算什么丈夫，一点出息都没有，你还像个男人吗？一天到晚只知道游手好闲，一分钱都挣不回家！"

　　丈夫说："你这个臭婆娘，再骂句试试，看我不揍死你！"

　　妻子怒不可遏，继续破口大骂："我就骂你，你不像个男人！"

　　两人互不相让，吵得不可开交。

　　仙崖禅师感觉很有意思，于是停下了脚步，扯着嗓子，对过路行人大喊："大家快来看呀，这边有好戏看喽！看耍猴子的，要买门票；看斗蟋蟀、斗鸡啥的，也要买门票，都要花钱。现在这边有人在斗人，既好玩，又不要门票，走过路过，千万不要错过，大家快快都来看呀!"

夫妻俩正吵得热火朝天，眼里都是仇视的火焰，谁也没有停下来的意思，更没有理会旁人在说风凉话。

丈夫找不到合适的话回击妻子，就恶狠狠地说："臭婆娘，你再要泼，我就杀了你!"

妻子气势汹汹地说："你杀! 你杀! 我就说了，你就不是个男人!"

看到这里，仙崖禅师乐了，哈哈大笑，说："太有意思了，好戏就要开始了，马上有人要开始杀人了，大家快来看啊!"

旁边一个过路人看不过去，对仙崖禅师说："我说，你一个和尚家，大喊大叫什么呢? 人家夫妻俩吵架，关你什么事，你还在一边添油加醋的!"

仙崖禅师正色说："怎么不关我的事啊? 你没听到他要杀人了吗? 有人被杀死了，就要请我们和尚念经。我们念经，不就有红包拿了吗?"

过路人恨恨地说："你这个和尚，好生恶毒! 为了能拿到红包就希望别人去杀人!"

仙崖禅师说："既然大家希望不死人，那好啊，大家都听我说，听我来说说禅理。"

那边，连吵架的夫妇也被禅师的一席话吸引了，不约而同地停止了吵架，双双聚拢过来，想看看仙崖禅师和过路人在争论什么。

看见那对夫妻聚拢来，禅师表现得很意外，说："哎，你们怎么不吵了呢? 我们都想看热闹呢!"

夫妻俩本来没有大仇，听到禅师的话，都意识到了彼此的失态，脸上都露出了愧疚的神色。

想在争论中取胜，最好的方法就是避开争论。发生矛盾或遇到不顺心的事，生气是没有用的，发火更是不该，想想怎么解决矛盾才是当务之急。当被别人讽刺、嘲笑时，如果立刻生气，反唇相讥，则很可能引起双方争执，伤感情；但如果此时用沉默为武器以示抗议，或只用寥寥数语正面表达自己受到的伤害，对方反而会因此感到尴尬而自动偃旗息鼓。

7.认真，但不"较真"

做人、处世认真有必要吗？星云大师说：答案是肯定的。但是，认真不能较真，认真也要看在什么时候、什么事情上，有很多时候是认不得"真"的，若在该糊涂的时候还坚持认真，那只会给自己带来无尽的烦恼。

有师徒二人出游，来到一个地方感觉腹中饥饿，师父就对徒弟说："前面有一家饭馆，你去讨点饭来。"徒弟领命到了饭馆，说明来意。

那饭馆的主人说："要吃饭可以啊，不过我有个要求。"

徒弟忙问："什么要求？"

主人回答道："我写一字，你若认识，我就请你们师徒吃饭，若不认识就乱棍打出去。"

徒弟微微一笑："主人家，我虽不才，可也跟随师父多年，慢说一字，就是一篇文章又有何难？"

主人也微微一笑，说道："先别夸口，认完再说。"说罢拿笔写了一个"真"字。

徒弟哈哈大笑说："主人家，你也太欺我无能了，我以为是什么难认的字，此字我五岁就认识。"

主人微笑着问："此为何字？"

徒弟回答说："不就是认真的'真'字吗？"

店主冷笑一声："哼，无知之徒。"

徒弟无奈，只好空着手回去见师父，说了经过。师父微微一笑："看来他是要为师亲自前去。"说罢，师父便来到店前，说明来意。那店主照样写下"真"字。师父答曰："此字念'直八'。"那店主笑道："果然是大师来到，请！"店主免费招待了师徒。

离开后，徒弟不解地问道："师父，你不是教我们那个字念'真'吗？什么时候变成'直八'了？"

师父微微一笑："有时候，是认不得'真'啊"。

人生祸福相倚，变化无常。少年气盛时，凡事斤斤计较，锱铢必究，这还情有可原；一个人年事渐长，阅历渐广，涵养渐深，对争取之事就应该看得淡些，凡事不必太认真，要有宽恕之心，顺其自然最好。

事实上，难得糊涂是使心理环境免遭侵蚀的保护膜，在一些非原则性的问题上糊涂一些，能够提高心理承受能力，避免不必要的精神痛楚和心理困惑。有了这层保护膜，能让你处乱不惊、遇烦不忧，以恬淡平和的心境对待生活中的各种紧张事件。

不过，想要真正做到不较真、能容人，也不是一件简单的事。首先需要有良好的修养和善解人意的思维方法，并且需要从对方的角度设身处地考虑和处理问题，多一些体谅和理解，这样就会多一些宽容，多一些和谐，多一些友谊。

比如，有些人一做了领导，便容不得下属出半点差错，动辄横眉立目，令属下畏之如虎，时间久了，必积怨成仇。天下的事并不是你一人所能包揽的，何必因一点点毛病便与人治气呢？但如若调换一下位置，挨训的人也许就能理解上司的急躁情绪了。

有人总抱怨他们家附近副食店卖酱油的售货员态度不好，像谁欠了她钱似的，后来大家听说了女售货员的身世：丈夫有了外遇离了婚，母亲瘫痪在床，上学的女儿身体不好，每月只有1500元工资，一家挤在一间10平方米的平房里，难怪她一天到晚愁眉不展。从此，大家再也不计较她的态度了，甚至还想帮她一把，为她做些力所能及的事。

另外，在公共场所遇到不顺心的事时，也实在不值得生气。素不相识的人冒犯你肯定另有原因，也许是有烦心事使他这一天情绪恶劣、行为失控，正巧让你赶上了，只要不是侮辱了你的人格，我们就应该宽大为怀，不以为意，或以柔克刚，晓之以理。总之，不能与这位与你原本无仇无怨的人瞪着眼睛较劲。假如较起真来，大动肝火，刀对刀、枪对枪地干起来，酿出个什么后果，那就追悔莫及了。

乡村有一对清贫的老夫妇，有一天，他们想把家中唯一值点钱的一匹马拉到市场上去换点更有用的东西。老头牵着马去赶集，他先与人换得一头母牛，又用母牛去换了一头羊，再用羊换来一只肥鹅，又由鹅换了母鸡，最后用母鸡换了别人的一大袋烂苹果。在每一次交换中，他倒真还是想给老伴一个惊喜。

当他扛着大袋子来到一家小酒店歇气时，遇上了两个英国人。闲聊中，他谈了自己赶集的经过，两个英国人听得哈哈大笑，说他回去准得挨老婆子一顿揍。老头子坚称绝对不会，英国人就用一袋金币打赌，如果他回家竟未受老伴任何责罚，金币就算输给他了。

于是，三人一起回到老头子家中。老太婆见老头子回来了，非常高兴，又是给他拧毛巾擦脸又是端水给他解渴，听老头子讲赶集的经过。老头子毫不隐瞒，全过程一一道来。每听老头子讲到用一种东西换了另一种东西，老太婆都十分激动地予以肯定。

"哦，我们有牛奶喝了。""可以看美丽的羊毛了。""哦，鹅毛多漂亮！""哦，我们有鸡蛋吃了！"诸如此类。

最后听到老头子背回一袋已开始腐烂的苹果时，她同样不愠不恼，大声说："我们今晚可以吃到苹果馅饼了！"说完便不由得搂起老头子，深情地吻他的额头。其结果不用说，英国人就此输掉了一袋金币。

不要为失去的一匹马而惋惜或埋怨生活，既然有一袋烂苹果，就做一些苹果馅饼好了，这样生活才能妙趣横生、和美幸福，你还可能收到意外的收获。

8.浮生若梦，何须计较

佛教的高僧寒山大师对人生有独特的看法，他说："昨夜得一梦，梦中一团空，朝来拟说梦，举头又见空，为当空是梦，为复梦是空，相计浮生里，还同一梦中。"

星云大师是这样看待寒山的观点的："我们并不是提倡'人生如梦'的消极色彩，但是，既然很多人都说人生如梦，也就代表着梦里的一切都是虚幻的，那么，为什么还有很多人要苦苦追求，斤斤计较呢?"

有一次，秦穆公的一匹爱马跑到了岐山脚下，结果被村民杀了吃掉了，官差知道后便把老百姓都抓了起来，准备严惩。秦穆公却说："一个真正的君子绝不会为一匹马去杀人。"他不但原谅了村民，还送好酒给他们喝，说："吃好的马肉，必须喝上等的酒。"村民们都很感激他。

任何事情的"多少"不是数量上能绝对计算得清楚的，要用道德、心量和人情义理，从不比较、不计较出发，才能圆满解决。

唐朝开元年间有位梦窗禅师，他德高望重，后来还成为了国师。

有一次，他搭船渡河，渡船刚要离开河岸，远处就来了一位骑马佩刀的将军，大声喊道："等一等，等一等，载我过去。"

　　船上的人纷纷说道："船已经开了，不能回头了，干脆让他等下一趟吧。"船夫也大声喊道："请等下一趟吧。"将军非常失望，急得在岸边团团转。

　　这时，坐在船头的梦窗禅师对船夫说道："船家，这船离岸还没有多远，你就行个方便，掉过船头载他过河吧。"船家一看，是位气度不凡的出家师傅开口求情，就把船开了回去，让那位将军上了船。

　　将军上船后，四处寻找座位，无奈座位已满。这时，他看到了坐在船头的梦窗禅师，于是拿起鞭子就打，嘴里还粗野地骂道："老和尚，快走开，没看见本大爷上船了吗？快把座位让给我。"这一鞭子正好打在梦窗禅师的头上，鲜血顺着他的脸颊流了下来。禅师一言不发，把座位让给了那位将军。

　　看到这一切，大家心里既害怕将军的蛮横，又为禅师抱不平，人们纷纷窃语。从大家的议论声中，将军明白了一切。他心里非常惭愧，懊恼不已，但身为将军，他又不好意思认错。

　　不一会儿，船到了对岸，大家都下了船。梦窗禅师默默地走到水边，洗掉了脸上的血污。此时，那位将军再也忍受不住，他走上前，跪在禅师面前忏悔道："禅师，我真对不起您。"

　　谁知，梦窗禅师不仅没有生气，反而心平气和地说："不要紧，出门在外，难免心情不好。"

　　古人说："人非圣贤，孰能无过；过而能改，善莫大焉。"对于犯过错误有意悔过的人，我们不必太过苛责，给他一个改过自新的机会，也不失为一件善事。

　　国学大师季羡林曾经说过："现在我们中国人的容忍水平，看了真让人气短。在公共汽车上，挤挤碰碰是常见的现象，如果碰了或者踩了别人，连忙说一声'对不起'就能够化干戈为玉帛。然而，有不少人连'对不起'都不会说，于是就相吵相骂，甚至于扭打，甚至打得头破血流。"

生命的旅程就像一场梦，荣耀、光辉、金钱、地位等所有的一切都将烟消云散，我们能确确实实享受的、把握的唯有自己的心情。吃了亏，遭了难，愁眉苦脸没有丝毫用处，大发雷霆也无济于事，最好的办法就是淡然一笑，不去计较。

佛说："不怀恨，不怨尤，就会少烦少恼；不计较，不比较，必然多助多缘。"学会不计较，我们的生活将会轻松许多。

第二章

二修：
彼此不比较，欲少方忧少

佛陀所说的断掉各种贪欲，并非是说让人变得无情无欲，而是说要消除人的不合理的、过分的、有碍身心健康的欲望，从而完善人生，使人生更加幸福。

——星云大师

1.贪字头上一把刀

星云大师认为，贪欲会把人带向罪恶的深渊，让人失去理智。它可以使人相互摧残，使最好的朋友反目成仇。贪字头上一把刀，人的内心一旦被贪欲所吞噬，必将被其毒害。

一天傍晚，两个非常要好的朋友在林中散步。这时，有位僧人从林中惊慌失措地跑了出来，两人见状，便拉住那个僧人问道："你为什么如此惊慌，到底发生了什么事情？"

僧人忐忑不安地说："我正在移植一棵小树，忽然发现了一坛子黄金。"

两个人感到好笑："这僧人真蠢，挖出了黄金还被吓得魂不附体，真是太好笑了。"然后，他们问道："你是在哪里发现的，告诉我们吧，我们不害怕。"

僧人说："还是不要去了，这东西会吃人的。"

两个人异口同声地说："我们不怕，你就告诉我们黄金在哪里吧。"

僧人告诉了他们埋藏黄金的地点，两个人连忙跑进了树林，果然在那个地方找到了黄金。

其中一个人说："我们要是现在把黄金运回去，不太安全，还是等天黑再往回运吧。这样吧，我留在这里看着，你先回去拿点饭菜来，我们在这里吃完饭，等半夜时再把黄金运回去。"

于是，另一个人就取饭菜去了。

留下的这个人心想："要是这些黄金都归我，那该多好呀！等他回来，我就一棒子把他打死，到时，这些黄金就全是我的了！"

回去的那个人也在想："我回去先吃饭，然后在他的饭里下些毒药。他一死，黄金不就都归我了吗？"

回去的人提着饭菜刚到树林里，就被另一个人从背后用木棒狠狠地打了一下，当场毙命。然后，那个人拿起饭菜，狼吞虎咽地吃了起来。没过多久，他的肚子里就像火烧一样疼，他这才明白自己中了毒。临死前，他心里暗想：僧人的话真的应验了，我当初怎么就不明白呢？

星云大师说：佛家所谓的贪念，就是很希望得到，得到了就不想失去。而贪念的对象无足轻重，贪图钱财和贪图精神的享受，一样是贪；贪图男欢女爱和贪图参禅打坐，一样是贪；贪图名利和贪图清誉，一样是贪。

比如，没有人不喜欢听赞美的语言，没有人不愿意看到微笑的眼神，没有人喜欢失去最好的朋友，没有人愿意被人抛弃，没有人渴望失去亲人的爱。

因为这些喜欢或者不喜欢，我们的头脑开始分秒不停地工作，它把所有收集到的信息进行瞬间筛选、整理、淘汰、判断、综合，每一次得出的结论都扰乱了我们的心，让我们不断产生高兴、悲伤、幸福、痛苦、喜悦、兴奋、孤独、开心等各种情绪。我们每天游荡在这许多种情绪中，把这一切当成真实不虚的事，认认真真地和别人讨论、争辩、计较、探讨、沟通。遇到结果如意的，我们就很开心，能睡个好觉；假如遇到对方根本不吃那套的，就完全失了分寸，整个心空荡荡的，没着没落，看什么都不顺眼，做什么都不踏实；

甚至如果更委屈，我们就会哭泣，大喊大叫，四处抱怨哭诉，让别人评理，有些人甚至走上了抑郁和轻生的道路。

这些都是贪念导致的。贪一切我们身边的舒适，贪一切我们习以为常的生活模式，贪一切我们喜爱的东西，贪一切我们不舍放弃的情感。

假若不贪，会是什么情况？

我们照吃、照睡、照玩、照沟通、照争吵、照爱别人、照被别人爱，但是，丝毫不挂碍，永远活在那个拥有的片刻而不去判断。

仅仅是享受那个片刻，犹如云飘过天空，喜欢那云，但心放在空中。云来，云住，云走，云去，随它！

幻想一个又一个场景时，最简单的方法就是问自己：你在干吗？这个问题会让你立即回到当下。"我在洗碗"，"我在擦地"，"我在洗衣服"，"我在写文章"……当你在全力做这些事情的时候，你是不贪的。

对当下的生命说"是"，就是对头脑升起的贪念的最好处置方法。

2.无财是一种福气

星云大师说，佛陀所说的断掉各种贪欲，并非是说让人变得无情无欲，而是说要消除人的不合理的、过分的、有碍身心健康的欲望，从而完善人生，使人生更加幸福。从这个角度出发，无财就是一种福气，能很好利用财富的人同样享有这种福气，一位老居士的家中生了一个男孩，男孩长得十分俊俏，父母非常疼爱。这孩子从小就聪明异常，和一般的小孩子完全不同，他在无忧无虑中快乐地度过了黄金般的童年。

居士家中的这个孩子有着高人一等的智慧，虽然他生长于安逸的环境中，但仍能了解人生的痛苦和罪恶。因此，他在成年以后就辞亲出家当了比丘。

有一次，在教化回来的路上，他在森林里遇到了一队商人。当时已是傍晚，夕阳西下，商人们决定在森林里扎营。比丘看到这些商人以及大小的车辆载着大量货物，并不关心，只管在离商队营帐不远的地方徘徊踱步。

这时，从森林的另一端来了很多山贼。他们打听到有商队经过，就想乘夜幕降临以后劫掠财物。但当他们靠近商营的时候，却发现有人在营外漫步。山贼怕商队有备，所以想等大家都睡熟才好动手，然而，营外巡逻的那个人却通宵不入营休息。后来，天渐渐亮了，山贼见无机可乘，只得气愤地大骂而走。

正在睡觉的商人忽然听到外面的吵闹声跑出来看，只见一大队山贼手执铁锤木棍往山上跑去，营外有一位出家人站在那儿。商人惊恐地走向前去问道："大师，您见到山贼了吗？"

"是的，我早就看到了，他们昨晚就来了。"比丘回答说。

"大师！"商人又问道，"那么多的山贼，您怎么不怕？独自一个人，怎能敌得过他们呢？"

比丘心平气和地说道："各位！见山贼而害怕的是有钱人。我是一个出家人，身无分文，我怕什么？贼所要的是钱财宝贝，我既然没有一样值钱的东西，无论住在深山或茂林里，都不会起恐惧心。"

中国有句古话叫做：人生有三宝，妻丑、薄地、破棉袄。

因为贫穷，人才无恐惧心；因为贫穷，人才有上进心。艰难困苦是人生的一笔财富，它可以化无形为有形，并告诫你时刻保持冷静、清醒，正确对待有形的财富。

香港富豪徐展堂出身名门望族，幼年生活可说优裕富贵。但上天似乎有意要考验他，13岁时，父亲生意失败，不久又染上肺痨去世，年幼的徐展堂一下子从蜜罐掉进了苦海。当时，徐展堂刚读完小学，无奈只好放弃升学，出来谋生。提起幼年时未有更多读书机会，徐展堂至今还感到遗憾。

徐展堂曾从事过多种职业，如银行信差、卖"云吞面"、为商店翻新旧招牌、安排看更等。从十几岁到二十几岁，是他一生中最为艰苦的时期。

艰难的经历不仅没有消磨他的意志，反而激发出了他的斗志。他不甘心久居人下，于是白天工作，晚间则上夜校进修，学习英语，大量阅读历史书籍和名人传记，从中汲取思想养分。

最终，他终于闯出了一片属于自己的天地。

在商界获得成功后，徐展堂不忘回报社会，乐善好施，积极从事慈善事业。

能安于贫贱的人是有福之人，因为他们心里无财富的挂念，活得潇洒；而能在富贵中保持清心寡欲的更是有福之人，因为他们心里、眼里都无财富的挂碍，所以活得幸福。

人们很容易被金钱迷惑双眼，在欢乐的日子里想不到痛苦的一面，唯有超卓的人才不至于被金钱迷惑。

3.拥有是富者，"用有"才是智者

星云大师告诫说：凡事不要向钱看，比金钱宝贵的东西有很多，慈悲、道德、智慧、和谐、欢喜、关怀、情义等，才是取用不尽的财富。

人的一生，要为自己赚到什么东西？什么东西不怕海枯石烂，不怕沧海桑田，可以结伴我们终老，远离啼哭悲恼？

有一次，佛陀在法会上给他的弟子们讲了个故事：

从前，有个非常富有的商人，他娶了4个老婆：第一个老婆美丽可爱，具有迷人的身姿，整天如影随形，陪伴在他的身边；第二个老婆是他从外地抢来的，她同样分外靓丽，让人心动；第三个老婆，纯粹是一个贤妻良母，她整日忙忙碌碌，把他的生活打理得井井有条，让他衣食无忧；第四个老婆是她们中最忙的，但商人却不知道她整天在忙些什么，他对她既不关心，也不过问，渐渐地也就忘记了她的存在。

有一天，商人打算出远门做一笔生意，旅途漫长而又十分辛苦，因此，他要选择其中一个老婆陪伴自己。

于是，他把4个老婆一起叫到面前，问她们谁愿意去。

第一个老婆说："我才不愿陪你呢，你自己去好了！"

第二个老婆说："我本来就不属于你，是你硬把我抢来的，我更不会陪你去！"

第三个老婆说："旅途那么漫长，一路风尘，我可没把握陪你到底，顶多送你一程！"

第四个老婆说："无论你走到哪里，我都会跟着你，忠诚于你，听凭你的呼唤，因为你是我的主人！"

商人无限感慨："唉！关键时刻还是第四个老婆对我好。"于是，他就带着第四个老婆开始了他的漫长旅途。

讲完故事，佛陀问座下弟子："你们听懂了吗？这四个老婆就是人生的四个方面：第一个老婆是指人的肉体，人死后肉体要与自己分开；第二个老婆是指财产，许多人为了金钱财产辛苦劳作了一辈子，死后却不能将它们带走，只能带着遗憾离开人世；第三个老婆是指自己现实中的妻子、亲人和朋友，虽然生前亲人朋友情深义重，但死后还是要分开，也无法求得永世相伴；第四个老婆是指人的自性，也就是你自己的心灵和天性，你可以不在乎它，但是它会永远在乎你，永远忠诚于你，无论你是贫穷还是富贵，快乐还是痛苦，它都与你永不分离。"

是的，身体是本钱，固然重要；财产是基础，亦不可缺；亲人和朋友是伴侣，少了会寂寞；但最重要的还是自己，是自己的心灵和天性，把它塑造和培养好，我们才能一生受用不尽。

天下的大智慧都是相通的，《圣经》上的"己本"就是佛教中的"我相"概念。"己本"是人类根本问题的焦点，是人类一切罪恶与痛苦的来源。儒家思想也有"无欲则刚""人到无求品自高"的说法，意思也差不多。

星云大师在谈财富时，说了一个故事：

有一个人存了许多黄金砖块，藏在家里的地底下，一藏就藏了

30 多年。这 30 年中，他虽然没去用过，但只要偶尔去看一看，心里就十分欢喜。

有一天，这些金砖给人偷去了，他伤心得死去活来。

旁边有人问他说："你这些金砖藏在那边几十年了，你有没有用过它呢？"

他难过地说："没有。"

那个人就说："你既然没有用过，那不要紧，我去拿几块砖头，用纸包起来，藏在同一个地方，你可以常常去看，把它当作金砖藏在那里，这不是一样可以欢喜吗？又何必这么伤心呢？"

佛经上说，世间上所有的金钱都不是我们的，而是水、火、官府、盗贼、败家子五家共有。金钱要用了才是自己的；聚敛，做一个守财奴，终不是善于处理金钱的人。

星云大师指出，一生之中，能赚到几千万的人并不多，但我们能从工作中赚到欢喜，赚到尊重；从人我相处中，赚到礼貌，赚到关怀；从信仰中赚到心安，赚到慈悲。这些心内的"法财"胜过银行的利息和红利。

他进一步在《处世》中解释说：人生在世，钱虽然很重要，却不是绝对万能的，因为除了金钱以外，还有许多对人生更有意义、更值得追求的东西。

佛家所谓"心包太虚，量周沙界"，所谓"拥有"，有是有限，有量；所谓"空无"，无是无穷，无尽。如能以"用有"的胸怀来顺应真理，以"用有"的财富顺应人间，让因缘有、共同有来取代私有的狭隘，让惜福有、感恩有来消除占有的偏执。所谓"拥有，是富者；用有，才是智者"，富而加智，岂不善矣？

4.多一物多一心，少一物少一念

星云大师认为："身上事少自然苦少，口中言少自然祸少，腹中食少自然病少，心中欲少自然忧少。"想过自在逍遥的幸福生活，就要放下物欲和名利。

拉尔夫是一位著名的国家登山家，他曾经在没有携带氧气设备的情况下，成功地征服了多座高峰，这其中还包括世界第二高峰——乔戈里峰。

其实，许多登山高手都以不带氧气瓶而能登上乔戈里峰为第一目标。但是，很多登山好手来到海拔 6500 米处，就无法继续前进了，因为这里的空气非常稀薄，令人感到窒息。

对登山者来说，想靠自己的体力和意志，独自征服高达 8611 米的乔戈里峰，确实是一项极为严峻的考验。然而，拉尔夫却突破障碍做到了，他在事后举行的记者招待会上说出了这一段历险的过程。

拉尔夫说，在突破海拔 6500 米的登山过程中，最大的障碍是心里各种翻腾的欲念。在攀爬的过程中，任何一个小小的杂念都会让人松懈意念，转而渴望呼吸氧气，慢慢地让人失去冲劲与动力，而"缺氧"的念头也会随之产生，最终让人放弃征服的意志，不得不接受失败。拉尔夫说："想要登上峰顶，首先，你必须学会清除杂念，脑子里杂念愈少，你的需氧量就愈少；你的欲念愈多，你对氧气的需求便会愈多。所以，在空气极度稀薄的情况下，想要登上峰顶，你就必须排除一切欲望和杂念!"

生活中，我们又有多少人能做到像拉尔夫这样呢？一批又一批人前赴后继地把自己绑上欲望的战车，纵然气喘吁吁也不得歇脚。不断膨胀的物欲、工作、人际、家务计划占据了现代人全部的空间和时间，许多人每天忙着应付这些事情，几乎连吃饭、喝水、睡觉的时间都没有。

有一位禁欲苦行的修道者，只带了一块布当作衣服，就到无人居住的山中隐居修行了。

后来，当他意识到自己需要另一块布来做换洗衣服的时候，他就下山到村庄中，向村民乞讨了一块布。村民们都知道他是虔诚的修道者，于是毫不考虑地给了他一块布。

当这位修道者回到山中之后，他发觉茅屋里有一只老鼠，常常会出来捣乱。他立誓不会杀生，便又到村庄中要了一只猫。

得到猫之后，他不想让猫吃老鼠，也不能给它吃水果和野菜，于是，他又向村民要了一头乳牛，这样，那只猫就可以靠牛奶生存。

后来，他发觉每天都要花很多时间来照顾那头乳牛。于是，他又回到村庄中，找来了一个流浪汉帮他照顾乳牛。

那个流浪汉在山中居住了一段时间之后，跟修道者抱怨自己不能像修道者一样过着禁欲苦行的生活，他需要一位太太。

故事就这样继续演变下去，你可能也猜到了。到了后来，整个村庄都搬到了山上。

其实，人生很多的无奈和痛苦，都来源于对外物的追求和执著。一个人，如果终日汲汲于富贵，切切名禄，桎梏于外物，最后终将会不堪重负，顾虑重重，心力交瘁，六神无主。

曾经，我们枕着涛声入睡，在鸟鸣中悠悠醒来，那时的我们心底是透亮的、清澈的，没有杂念；如今，我们枕着车水马龙入睡，梦中都在为钱财奔走，在锅碗瓢盆的交响曲中郁闷地醒来。我们喊累，却不能摆脱这份生活赐予我们的累；我们想逃，但红尘万丈，我们无处可逃……外物总是短暂而容易腐朽的，只有生命的灵魂才是永恒。然而，又有几人能理解这一点呢？在我们周围，有太多的人对生命有太多的苛求，弄得自己筋疲力尽，从未体味过幸福的滋味，生命也因此局促匆忙，忧虑和恐惧时常伴随，一辈子过得糟糕至极。我们应该知道月圆月亏皆有定数，岂是人力所能改变的？不如放下，给生命一份从容，给自己一片坦然。庄子在《逍遥游》表达的"神人无己，圣人无功，至人无名"正是最好的总结。

5.别让攀比毁了你的幸福

生活中，只要细心留意，种种由攀比而导致的闹剧、悲剧几乎每天都在上演。

星云大师认为，那些整天过得闷闷不乐，对自己的处境感到不满的人，并不一定是因为自己的处境有多么悲惨，而是因为他们暗自将自己的生活状况拿去和别人攀比，看到生活状况比自己好的朋友、同事、同学等，就总觉得别人比自己更幸运、更幸福。而自己呢？无形之中好像成了最不幸的一类人。这样一来，还怎么能够活得开心、过得幸福呢？

有一位年过七旬的老人，在参加战友聚会回来之后，因脑溢血而住进了医院，多亏抢救及时才保住了生命。原来，在聚会时，他知道了现在战友们的生活情况要比自己好许多，他们留在部队的，有的到了正军级，当上了将军，最普通的也是师级干部；转业从政的战友中，有的成了厅局长，有的是县处级；复员转业后经商的人，更是让人刮目相看，个个财大气粗，穿着名牌，住着别墅，开着宝马……老人一想到自己，转业后只当了个小工厂的车间主任，单位效益不好，退休后养老金不多，再加上老伴看病、儿子下岗，一家人过得紧巴巴的。和人家比一比，再想想自己，越比越生气，一着急差点送了命。

俗话说：人比人，气死人。如果两个人真要攀比，就算两人都是亿万富翁，恐怕攀比的结果也不会让自己如意。虽然两人的财富一样多，但是生活上总会有差距。如此一来，总拿自己的短处去比别人的长处，岂不是自己跟自己过不去？事物总是在不断变化的，我们应该保持一颗平常心，不以物喜，不以己悲，在待遇和生活方面不与比自己高的人去攀比。

美国作家亨利·曼肯说："如果你想幸福，有一件事非常简单，就是与那些不如你的人，比你更穷、房子更小、车子更破的人相比，你的幸福感就会增加。"如果我们对生活现状不满意，就想一想过去的艰苦岁月，比一比那些仍然缺吃少穿的人，给自己一点安慰，它会让你感到幸福和快乐无时不在，无所不在。而盲目的攀比，则会毁掉一个人的幸福，让人痛苦不堪。

一只乌鸦看到老鹰叼走了一只绵羊，嘴馋的乌鸦便想：老鹰能抓羊，我为什么就不能呢？老鹰有爪子，我也有；老鹰会飞，我也会。在这种想法的驱使下，不甘心的乌鸦决定仿效老鹰的样子：它盘旋在羊群上空，盯上了羊群中最肥美的那只羊。它贪婪地注视着那只羊，自言自语地说道："你的身体如此的丰腴，我只好选你做我的晚餐了。"说罢，乌鸦呼啦啦带着风直扑向那咩咩叫着的肥羊。

结果是：乌鸦不仅没把肥羊带到天空，它的爪子反而被羊卷曲的长毛紧紧地缠住了，这只倒霉的乌鸦脱身无术，只好等牧人赶过来逮住它并把它投进笼子，成了孩子们的玩物。

我们常常觉得自己过得不快乐，那是因为我们追求的不是真正的幸福，而是"比别人幸福"。不要去和别人攀比，幸福不幸福、快乐不快乐只有自己知道，适合你的，就是最好的。此外，还应该注意到，攀比心理主要来源于对他人的嫉妒，人一旦陷入这个漩涡就会难以自拔，久而久之定会损己害人。

从前，有一只小老鼠整天被猫追来追去，它感到十分烦恼。于是，它去求见上帝，央求上帝说："你把我变成猫吧，这样我就不用被猫追了。"

上帝答应了，把它变成了猫。可是变成猫以后，它又被狗追来追去，它觉得还是老虎比较厉害，于是又央求上帝把它变成了老虎。可是，变成老虎后，它还是不满足，又苦苦哀求上帝把它变成大象，上帝没办法就答应了它。小老鼠变成大象后，突然有一天，它的鼻子痒得受不了，它恨不得把自己的鼻子割下来，后来，从它的鼻子里钻出来一只小老鼠。

这时，它才明白，原来做小老鼠也挺好的。

每个人都应该尽早认清自己，回到自己的生活中来，寻找自己的幸福，不要总把目光放在别人的身上。就像上面这个小故事里的老鼠一样，什么都想和别人攀比，等绕了一大圈回来，才发现，原来的自己其实才是最好的。

不和别人攀比，保持平和心态，是一种修养，也是一种生活的智慧。渴望幸福的人们，幸福就在你们的身上，还和别人攀比什么呢？

幸福具有普遍性和特殊性，它的特殊性属于每一个人。幸福是自我，因此幸福属于每一个人。

据心理学家调查：《福布斯》富豪榜上的富翁和生活在纽约地铁的流浪汉回答感到快乐的比例差不多，太平洋岛国的土著人与后工业化时代的人们的幸福感也非常相近。正如一棵青草虽没有乔木的高大，却衍生了"更行更远还生"的顽强的生命力。

城市万家灯火的喧器也许让你如痴如醉，但"采菊东篱下，悠然见南山"的情愫也许更使你流连忘返。幸福犹如天上点点闪烁的繁星，总有一颗属于你。

人各有命，命都不同。每个人都有自己的人生轨迹和道路，有的坷坎，有的平坦，所以，怎能要求每个人都能有同样的终点和目标呢？有人高歌，有人悲泣；有人一帆风顺，有人百转千回，四处碰壁，得到的是满身的伤痛和疲惫。不同的人生，不同的道路，不同的选择。路不在好，适合自己走的就是好路。

如果你把确定自己是否幸福的标准建立在与别人的比较中，那么，你的生活中就会充斥着不满足和遗憾。

6.定期修剪自己的欲望

每个人都希望自己有所得，有所成就，有所收获。但什么是最大的收获呢？

星云大师认为：很多我们梦寐以求的东西就像盐巴，生活中少不了它，但是，如果贪得无厌，就品尝不到应有的美味了。

所以，我们要学会修剪自己的欲望，不让那些不必要的贪念支配自己的生活，这样才能享受到生活的美好。

有一个外国商人，他坐船到了西班牙海边的一个渔村。他在码头上看见了一个西班牙渔夫从海里划着一艘小船靠岸，船上有好几尾大鱼。外国商人对渔夫能抓到这么高档的鱼表示赞叹，然后问他："您每天要花多少时间才能抓到这么多鱼？"渔夫说："一会儿工夫就抓到了，不用费多大力气。"

商人说："为什么你不再多抓一会儿，这样你就可以抓到更多的鱼了。"

渔夫觉得不以为然，他说："这些鱼已经够我一家人一天的生活了，我为什么要抓那么多呢？"

商人又问："你每天只是花一小会儿的时间抓鱼，剩下的时间你怎么打发呢？"

渔夫说："我每天的事情有很多。我睡到自然醒，然后出海抓几条鱼，回去和孩子们玩一玩，再睡个午觉。黄昏的时候到村子里找几个朋友喝点酒，再弹会儿吉他，这日子也很充实。"

商人听了摇了摇头，并且帮他出主意："我可是美国著名大学的博士，我给你出一个主意，你应该多花一些时间去抓鱼，然后攒钱买条大些的船。到时候，你就可以抓更多的鱼，再买渔船，这样，你就可以拥有一个渔船队。当你抓到的鱼越来越多后，可以直接把鱼卖给工厂，这样可以挣更多的钱。然后，你还可以开一家罐头厂，赚更多的钱。之后，你就可以离开渔村，到城市里去做有钱人了。"

渔夫问："我要达到这些目标需要花多少年的时间呢？"

商人说："大概十五年到二十年。"

"然后呢？"

商人说："然后？然后你就会更加有钱，你可以挣好几个亿呢！"

"再然后呢？"

商人说："那你就可以退休了。你可以搬到海边的小渔村去住，享受清新的空气，每天睡到自然醒，然后出海抓几条鱼，回去和孩子们玩一玩，再睡个午觉。黄昏的时候到村子里找几个朋友喝点酒，再弹会儿吉他。"

渔夫听完，非常不解，他说："难道我现在的生活不就是这个样子吗？既然如此，那我为什么还要花那么多时间去折腾自己呢？"

终点又回到了起点，看似有些可笑滑稽，但这也向我们阐述了一个道理：人应该力求顺其自然，活得简单一些，这样可以使幸福持续得更为长久。

很多人都和这位商人最初的想法一样，将人生的包袱紧紧地压在心头，明知道这样很辛苦，但还是不愿意放下，结果弄得自己又苦又累。每个人都有欲望，都想过美满幸福的生活，但是，如果把这种欲望变成不正当的欲求，变成无止境的贪婪，我们就会在无形中变成欲望的奴隶。

总是对身外之物有着无尽的贪婪，到头来，幸福、快乐也会对你无比刻薄。

从前有一个乞丐，他经常自言自语地说："我真想发财呀！如果我发了财，我要让所有的乞丐都有房子住，吃饱穿暖，我绝不做吝啬鬼……"

就这样一遍遍地祈祷，终于有一天，一个神仙找到了他。神仙对他说："我听到了你的祈祷，你就要发财了，我这就给你一个有魔力的钱袋。这钱袋里永远有一枚金币，是拿不完的。但是，在你觉得够了的时候，就必须把钱袋扔掉，才可以开始使用那些金币。"说完，神仙就不见了。

这个乞丐惊讶地揉了揉眼睛，以为自己是在做梦，当他发现自己的身边真的出现了一个钱袋，而且里面的确装着一枚金币时，他才确信刚才发生的一切都是真实的。于是，乞丐不断地往外拿金币，他拿了整整一个晚上，金币已有一大堆。看着这些钱，这个乞丐想：这些钱已经够我用一辈子了。

第二天一早，他拿着这些钱准备到街上买面包吃，但在他花钱以前，必须扔掉那个钱袋。他舍不得扔掉那件宝贝，于是又继续从钱袋里往外拿钱。每次当他想把钱袋扔掉的时候，他就总觉得钱还不够多。

就这样，日子一天天过去了，他的金币越来越多，多到可以买下一个国家。可他总是对自己说："还是等钱再多一些才好。"于是，他不吃不喝拼命地拿钱，金币已经快堆满一屋子了，但他却变得又瘦又弱，脸色蜡黄。他虚弱地说："我不能把钱袋扔掉，金币还在源源不断地出来！"

没过多久，因为水米未进的缘故，这个已经成了大富翁的乞丐，看起来却非常虚弱。但即便如此，他还是在用颤抖的手往外掏金币。

最后，由于又累又饿，他死在了成堆的金币里。

在现实生活中，如这个乞丐一般的人不在少数。他们总是希望拥有得越多越好，爬得越高越好，结果当然是疲累不堪，反而让自己丢失了更多——健康、亲情、友谊，乃至生命。

欲望太多，就成了贪婪。一旦中了贪婪的毒，我们的心灵就会被索求所占据，我们的双眼就会被虚荣所模糊，我们将永远无法懂得生活的真谛。所以，为了拥有快乐的心情，为了享受美好的生活，我们要将贪婪这棵毒草彻底地从我们的心里拔出。

7.和"诱惑"保持安全距离

星云大师说："我们有时会遇到别人对你甜言蜜语，给你种种好处的情况。甜言蜜语使人十分舒适，而种种好处更使人陶醉。然而，最甜蜜的举止，也许是最毒的药物；最大的好处，也许就是最深的陷阱。"

在物欲横流、灯红酒绿的今天，摆在每个人面前的诱惑实在太多了，特别是对有权者来说，可谓"得来全不费工夫"。这就需要保持清醒的头脑，勇于放弃。如果抓住想要的东西不放，甚至贪得无厌，就会带来无尽的压力和痛苦不安，甚至毁灭自己。

人生总会面临许多诱惑，它之所以称为诱惑，是它对人具有巨大的吸引力，动摇人们的意志，使人们做出违背自己意志的选择。诱惑都是美丽的，它也许是你饥饿时的一块大蛋糕，也许是大把的钞票，也许是梦寐以求的职位……

某大公司准备以高薪雇用一名司机，经过层层筛选和考试之后，只剩下3名技术最优良的竞争者。主考者问他们："悬崖边有块金子，你们开着车去拿，觉得能距离悬崖多近而不至于掉落呢？""两公尺。"第一位说。"半公尺。"第二位很有把握地说。"我会尽量远离悬崖，越远越好。"第三位说。最终，这家公司录取了第三位。

像幸运与灾难一样，诱惑在人的生活中也扮演着重要角色。诱惑无处不在，职场中，诱惑以其更多的姿态出现，如金钱、名誉、身份、地位、不能兑现的谎言等。臣服于诱惑将给我们带来职业生涯和人生的不幸与灾难。认清诱惑，经常性地进行自我反省，和诱惑保持足够的安全距离，才能保证健康的自我发展空间。

野兔是一种十分狡猾的动物，缺乏经验的猎手是很难捕获它们的。但一到下雪天，野兔的末日就到了。因为野兔从来不敢走没有自己脚印的路。当它从窝中出来觅食时，它小心翼翼，一有风吹草动就会逃之夭夭。但走过长长的一段路后，如果是安全的，它返回时也会按着原路退回。

猎人就是根据野兔的性情，找到野兔在雪地里留下的脚印，然后做一个机关，接着恢复表面的形状，第二天早上就可以去收获猎物了。

兔子致命的缺点就是它太相信自己走过的路了。

人生在世，我们必须与各种各样的人打交道，在这过程中，势必会与许多说不清的风险相遇。但是，如果缺乏对自己负责的态度和对内外风险的防范之心，就可能造成生命、财产、情感、事业等多方面的破坏。如何保护自己，让自己的生命、事业等都得到必要保证，是基本的生存之道。

有许多念头和情感是有毒的，像牛蒡草一样黏在你身上，像蜜蜂一样刺你。所以，不要随意放纵自己，不要轻易向各种诱惑低头，坚持自己的方向与计划，管理好自己的人生。否则，你很可能随波逐流，贪图眼前的一点点安逸享受，而损失掉生活中真正的财富。

第三章

三修：
处事有礼貌，教养悦人心

昔日马胜比丘以威仪度化舍利弗，成为千古的佳话。因此，树立良好的形象，不但是做人的基本条件，更可以成为度众的方便法门。

——星云大师

1.树立良好的个人形象

星云大师说："在佛门中，语默动静安详，一切合宜合法，就是礼仪。僧团讲究'三千威仪，八万细行'，用意在培养一个人出众的威仪。昔日马胜比丘以威仪度化舍利弗，成为千古的佳话。因此，树立良好的形象，不但是做人的基本条件，更可以成为度众的方便法门。"

美国的心理学者雷诺·毕克曼做了一个有趣的实验。

在纽约机场和中央火车站的电话亭里，在任何人都可以看到的地方，他放了10分钱，等到一有人进入电话亭，约2分钟后，他就会让人敲门说："对不起，我在这里放了10分钱，不知道你有没有看到？"结果，退还硬币者的比率，询问者服装整齐时占77%，询问者衣着寒酸时则占38%。进入电话亭里的人在被服装整齐的人询问时，可能会觉得对方跟自己说了很关键的话；而面对衣着寒酸的人时，因为有不想接触的念头，不想去理会对方的质问，所以根本没有听清楚他说的话，就开口回答"不"，企图驱赶对方。

俗话说"人靠衣裳马靠鞍"，可见，包装对于一个人来说非常重要。

在日常生活中，我们常常听到这样的劝告：不要以貌取人。但经验告诉我们，人是很难做到不以貌取人的。从人的审美眼光出发，爱美之心人皆有之，人们对美的认识，很多时候是从第一印象中萌发的，而人的仪表恰好承担了这一"特殊"的任务。

良好的仪表犹如一篇由关系密切却又成对比的乐章所组成的交响曲，基础主要贯穿全曲，使得每一乐章都截然分明，却又一脉相承。它不仅能够给自身提供信心，也能给别人带来审美的愉悦，既符合自己的心意，又能左右他人的享受，使你办起事来信心十足，一路顺畅。

尽管许多有学识的人不修边幅，不太注重自己的仪表形象，但那毕竟是少数。对于大多数人，尤其是需要出现在正式的社交场合的人来说，仪表至关重要。质于内而形于外，文化修养高、气质好的人，懂得如何修饰自己的形象。仪表端正体现了一个人的修养、品位格调，也是对人和周围环境的尊重。

也许，大家平时喜欢穿休闲装，因为它舒服、自由，对人没有约束感。但对于上班族来说，套装永远都是一项最有力的门面。穿着套装为你增添的沉稳度和专业感，不知能省下多少唇舌和精力！所以，即使你已经拥有人人称羡的事业，套装依然是你的必备品。

工作休闲装让有些办公室看起来一团松散，所以，在正式的工作环境中，应选择庄重、优雅的服饰。即使平常喜欢穿着随意、不修边幅的人，在庄重的社交场合也不应自作主张，那样会使人产生不尊重别人的感觉；相反，在一些轻松、愉快的社交场合，或个人的业余文娱活动中，则可选择活泼、鲜艳、式样时尚一些的服饰，使人感到富有生活情趣，不拘一格。

有许多人，常感觉自己的能力、人缘并不比同事差，但为什么升迁的机会总落在能力逊于自己的人之后呢？问题的答案可能和"衣着对事业成功的影响力"有关系。

一般说来，所有公司里办公衣着的最高效用是：它可以建立力量和权威。简单地解释，就是通过衣着，让别人认可你的能力。还有，某些衣服会使人更受欢迎，你也可以利用服装的这点特性来争取更多的友谊，从而拓展你的人脉。

2.身语意的行止

星云大师谈到，身语意的行止，表现在外，就是生活的礼仪。一个人如果站没站相、坐没坐相、衣冠不整、谈吐庸俗，这就是缺乏生活的礼仪。

因此，佛门中的四威仪：行如风、坐如钟、立如松、卧如弓，就是从行、立、坐、卧来训练威仪的。

现代的礼仪规范，范围可扩大为生活六威仪：坐姿如钟，必须稳重；站立如松，必须正直；容貌如镜，必须明净；行止如法，必须合理；视听如教，必须受益；思想如水，必须清净。

举止是一个人自身素养在生活和行为方面的反映，是映现个人涵养的一面镜子，也是影响办事效果的一个重要因素。正确而优雅的举止，可以使人显得有风度、有修养，给人以美好的印象；反之，则显得不雅，甚至失礼。

现实生活中，我们经常碰到这样的人：他们或是仪表堂堂，或是漂亮异常，然而一举手、一投足，便表现出粗俗。这种人虽金玉其外，却是败絮其中，只会招致别人的厌恶。所以，在社会交往活动中，要想给对方留下美好而深刻的印象，外在的美固然重要，而高雅的谈吐、优雅的举止等内在涵养的表现则更为关键。这就要求我们应当从举手、投足等日常行为方面有意识地锻炼自己，养成良好的站、坐、行姿态，做到举止端庄、优雅得体、风度翩翩。

人们也经常会有这样的体验，那就是喜欢某个人，往往不是喜欢对方漂亮的外表，而是为对方那通体的气质所着迷。所谓气质美，主要是表现在言行举止上的，一举手，一投足，说话的表情，待人接物的分寸，皆属此列。朋友初交，互相打量，立刻产生好的印象，这个好感除了源自言谈之外，就是气质的潜移默化的效果。

说一个人气质高雅，突出的表现就在于：仪表修饰得体，言辞幽默不俗，态度谦逊，接人待物沉着稳定、落落大方、彬彬有礼，让人一见肃然起敬。站在这样的人面前，如同走进了一座典雅的殿堂，令人自然脱去几分俗气，平添几分庄重。

下面就介绍一下关于站、坐、行三方面基本的举止礼仪：

站如松

所谓站如松，主要是指站姿要正要直。人的正常站姿，也就是人在自然直立时的姿势，其基本要求是：头正，颈直，两眼向前平视，闭嘴，下颌微收；双肩要平，微向后张，挺胸收腹，上体自然挺拔；两臂自然下垂，手指并拢自然微屈，中指压裤缝；两腿挺直，膝盖相碰，脚跟并拢，脚尖张开；身体重心穿过脊柱，落在两脚正中。从整体看，形成一种优美挺拔、精神饱满的体态。

在站立时，切忌无精打采地东倒西歪、耸肩勾背，或者懒洋洋地倚靠在墙上、桌边或其他可倚靠的东西上，这样会破坏自己的形象。站立谈话时，两手可随谈话内容适当做些手势，但在正式场合，不宜将手插在裤袋里或交叉在胸前，更不要下意识地做小动作，如摆弄打火机、香烟盒，玩弄衣带、发辫，咬手指甲等。这样，不但显得拘谨，给人以缺乏自信和经验的感觉，也有失仪表的庄重。

坐如钟

所谓坐如钟，是指坐姿要端正。人的正常坐姿，在其身后没有任何依靠时，上身应挺直稍向前倾，头平正，两臂贴身自然下垂，两手随意放在自己腿上，两腿间距与肩宽大致相等，两脚自然着地；背后有依靠时，在正式社交场合，也不能随意地把头向后仰靠，显出很懒散的样子。这就是我们常说的"坐有坐相"。

当然，在日常生活中，我们不可能处处这样端庄稳重。但为了保证坐姿的正确优美，你还是必须注意以下几点：

第一，落座以后，两腿不要分得太开，这样坐的女性尤为不雅；

第二，当两腿交叠而坐时，悬空的脚尖应向下，切忌脚尖向上，并上下抖动；

第三，与人交谈时，勿将上身向前倾或以手支撑着下巴；

第四，落座后应该安静，不可一会儿向东，一会儿向西，给人一种不安分的感觉；

第五，坐下后双手可相交搁在大腿上，或轻搭在沙发扶手上，但手心应向下；

第六，如果座位是椅子，不可前俯后仰，也不能把腿架在椅子或沙发扶手上、茶几上，这都是非常失礼的；

第七，端坐时间过长，会使人感觉疲劳，这时可变换为侧坐；

第八，在社交和会议场合，入座要轻柔和缓，直坐要端庄稳重，不可猛起猛坐，弄得坐椅乱响，造成紧张气氛，更不能带翻桌上的茶杯等用具，以免尴尬被动。

总之，坐的姿势除了要保持腿部的美以外，背部也要挺直，不要像驼背一样，弯胸曲背。座位两边若有扶手，不要把两手都放在扶手上，这样会给人以老气横秋的感觉，而应轻松自然、落落大方，方显得文静优美。

走姿优美

行走的姿势是行为礼仪中必不可少的内容。每个人行走总比站立的时候要多，而且行走一般是在公共场所进行的，所以，要非常重视行走姿势的轻松优美。

走路时，两只脚所踩的是一条直线，而非两条平行线。特别是女性走路时，如果两脚是分别踩着左右两条线走路，是非常有失雅观的。此外，走路时，膝盖和脚腕都要富于弹性，两臂应自然、轻松地摆动，使自己走在一定的韵律中，显得自然优美，否则就会失去节奏感，显得非常不协调，看起来会很不舒服。正确的走路姿势应是：轻而稳，胸要挺，头抬起，两眼平视，步度和步位合乎标准。

优雅的举止有助于你形成高雅的气质，而气质高雅的人更容易受人尊重、喜欢，大家都认为这样的人办事稳重，有分寸，有高度的责任感。所以，许多大公司经常委派这样的人员负责公关部的接待工作，用以树立公司的形象，赢得客户的信赖与合作。拥有这种气质类型的人，在工作中业绩往往比较突出，因为这种气质给人的感觉是诚恳、实在、不虚妄，容易让人产生信任感。信任人同信任产品一样重要，想要人们接受你的产品，首先要让他接受你这个人。

在社交场合，人们不仅要注意自己的举止风度，更应该从理想、情操、思想学识和素质上努力完善自己、培养自己，使外在举止风度美的绚丽之花开在内在精神美的沃土之上。"桃李不言，下自成蹊。"举手投足间尽显迷人风采的人们必然会以其优美的举止言谈、高尚的品德情操赢得更多人的喜爱，从而拥有更为丰富的人脉资源。

3.自身修养需不断提高

人生活于大千世界，要和不同的人打交道。在这纷繁的交往之中，首先只有认真约束自己的言行，充分显示良好的修养，方能赢得信任与尊重。

星云大师认为，在人际交往中，如果本身没有一些令人喜欢的特质，包括自身素质方面，就不会有良好的人际关系。

在日常生活中，我们常常看到这样一种人：他们总是自以为是，凡事都是自己好，对的都是自己的，错的都是别人的。任何人都不可能没有一点毛病，做事也不可能永远正确。一个人如果能想到这一点，那么，在与人交往的过程中，对于别人的某些缺点和错误，他就会抱有宽容之心，不斤斤计较。

在人与人的关系中，中国古代伦理思想家有许多很好的教导。古人说，"君子求诸己，小人求诸人"。这句话的意思是说，作为一个君子，要先从自己找原因，严格要求自己，而不能专对别人吹毛求疵。古人还说，"己所不欲，勿施于人"，"己欲立而立人，己欲达而达人"，"能近取譬，可谓仁之方也已"。这几句话的意思是说：你自己不希望别人把你不喜欢的东西强加给你，你就不要把同样的做法强加给别人，这就是俗话说的"将心比心"，"要想公道，打个颠倒"。

你自己想要站得住，也要让别人站得住；你自己想行得通，也要让别人行得通，不要光说自己的理。对待他人，要拿自己亲近的人为例子，你如何对待自己亲近的人，也要如何对待别人：你善待自己的孩子，也要善待别人的孩子；你尊敬自己的父母，也要同样尊敬别人的父母。如果每一个人都能做到如此，社会也就不难达到团结的境界了。

自身修养可以分为道德、品格、形象等几方面。有些人目光短浅，认识问题的层次低，胸怀狭窄，容不下事，容不了人，听不进不同意见，这样的人，自身修养无疑是需要加强的。我们应该站得高一点，看得远一点，虚怀若谷，方能容四海百川。人与人之间要互相信任，互相谅解，互相支持，豁达大度，大事讲原则，小事讲风格，千万不要在鸡毛蒜皮的问题上斤斤计较，搞名利之争、意气之争、面子之争。有些人缺乏光明磊落的品质，如喜欢传播小道消息，喜欢拉帮结派，搞亲疏有别，等等，这些都是人际交往中的大忌。

另外，个人容貌、穿戴、风度的仪表因素也会影响人们对彼此的吸引力，尤其是在第一次见面时。但事实上，人际交往的时间越长，容貌因素的作用越小，人际吸引力将从外貌转向内在品质。一个出口成"脏"、尖刻、不诚实、不修边幅、着装古怪的人，一般很难交到知心朋友，人际关系也不会有多好；而一个高尚、宽宏大量、穿着整洁的人，则更容易受到别人的尊敬，人际关系一般都很好。因此，我们不但应该对自己的穿着有一定的要求，而且应培养自身内在的素质和修养。

有些人经常抱怨很多人很难交往，其实，我们更应该看一下是不是自己的行为出了错，自身修养的不断提高是能够顺利交往的关键。

4.谈话切勿触及"逆鳞"

《菜根谭》中有句话："不揭他人之短，不探他人之秘，不思他人之旧过，则可以此养德疏害。"星云大师认为：做大事的人，不会冒冒失失地挑起争端，反而会做好表面文章，让对方觉得你对他富有好感，凡事为他着想。

他说，"逆鳞"一说可能许多人并不太了解。逆鳞就是龙喉下直径一尺的地方，传说中，龙的身上只有这一处的鳞是倒长的，无论是谁触摸到这一位置，都会被愤怒的龙杀掉。人也是如此，无论一个人的出身、地位、权势、风度多么傲人，都有不能被别人言及、不能冒犯的角落，这个角落就是人的"逆鳞"。

每个人都有各自不同的成长经历，都有自己的缺陷、弱点，也许是生理上的，也许是隐藏在内心深处不堪回首的经历，这些都是他们不愿提及的伤疤，是他们在社交场合极力隐藏和回避的问题。被击中痛处，对任何人来说，都不是一件令人愉快的事。无论是对什么人，只要你触及了他的伤疤，他都会采取一定的手段进行反击，从而获求一种心理上的平衡。

揭短，有时是故意的，那是互相敌视的双方用来攻击对方的武器；揭短，有时又是无意的，那是因为某种原因一不小心犯了对方的忌讳。但总体来说，有心也好，无意也罢，在待人处世中，揭人之短都会伤害对方的自尊，轻则影响双方的感情，重则导致人际关系紧张。

张小姐是某机关办公室文员，她性格内向，不太爱说话。可每当就某件事情征求她的意见时，她说出来的话总是很"刺"，而且总能戳到别人的痛处。

有一回，自己部门的同事穿了件新衣服，别人都发出了"漂亮""合适"之类的称赞，可当人家问张小姐感觉如何时，她直接回答说："你身材太胖，不适合。"甚至还说："这颜色真艳，只有街头早起锻炼的老太太才这样穿。"

这话一出口，当事人便很生气，而且周围大赞衣服如何如何好的人也很尴尬。

虽然有时张小姐会为自己说出的话不招人喜欢而后悔，可事后她又会故态复萌，说出来的话还是那么不中听。久而久之，同事们便把她排除在团体之外，很少就某件事去征求她的意见。

就算这样，只要偶然需要听听她的意见，她还是管不住自己，又把别人最不爱听的话给说出来了。

现在在公司里，几乎没有人主动搭理她，张小姐自然明白大家不爱理她的原因。

我们常说，瘸子面前不说短，胖子面前不提肥，"东施"面前不言丑，对让人失意的事应尽量避而不谈。避讳不仅是处理人际关系的技巧问题，更是对待朋友的态度问题。尊重他人就是尊重自己。

通常情况下，人在吵架时最容易暴露其缺点。无论是挑起事端的一方还是另一方，都是因为看到了对方的缺点并产生了敌意，敌意的表露使双方关系恶化，进而发生争吵。争吵中，双方在众人面前互相揭短，使各自的缺点都暴露在大庭广众之下，无论对哪一方来说都是不小的损失。

　　某公司的一个部门里有两个职员，工作能力难分伯仲，互为竞争对手，谁会先升任科长是部门内十分关心的话题。但这两个人竞争意识过于强烈，凡事都要对着干。快到人事变动时，他们的矛盾已激化到了不可收拾的地步，双方好几次互相指责，揭对方的短，科长及同事们怎么劝也无济于事。结果，两人都没有被提升，科长的职位被部门其他的同事获得了。因为他们在争执中互相揭短，在众人面前暴露了各自的缺点，让上级认为两人都不够资格升职。

　　任何一个人都可以成为敌人，也可成为朋友，而多一些朋友总比四面树敌要好。把潜在的对手转化为自己的朋友，这才是最好的办法。

　　打人不打脸，骂人不揭短。言论自由的现代社会，人们一样也有忌讳心理，有自己与人交往所不能提及的"禁区"。

　　但事实是，有些人认识到了揭短的害处，甚至会奉劝自己的朋友，但自己却不能克制。只能提醒别人而不能提醒自己，这同样是很危险的。

　　在一座小城里，有一个老太太每天都会坐在马路边望着不远处的一堵高墙，她总觉得它马上就要倒塌，很危险。于是见有人向那里走过去，她就善意地提醒："那堵墙要倒塌了，远着点走吧。"

　　被提醒的人不解地看着她，大模大样地顺着墙根走过去了，但那堵墙并没有倒塌。老太太很生气："怎么不听我的话呢？"

　　接下来的三天，她仍然在提醒着别人，但许多人都从墙根走过去了，也没有遇到危险。

　　第四天，老太太感到有些奇怪，又有些失望："它怎么没有倒呢？明明看着要倒的啊。"

她不由自主地走到墙根下仔细观望，然而就在此时，墙终于倒塌了，老太太被淹没在石砖当中，当场气绝身亡。

为什么我们不能在提醒别人的时候也提醒自己呢？提醒自己给别人留点余地、给别人留点尊严。每个人都有不足的地方，容许别人的不足，也是对自己的宽恕，因为世界上没有完人，包括自己。

不要以为随便揭别人的短，可以让自己显得更加高尚。错了，这么做只能说明自己没有道德。

5.必须学会发自真心地道歉

星云大师说："如果我们免不了会受到责备，何不自己先道歉呢？听自己谴责自己不比挨别人批评好受得多吗？你要是知道某人准备责备你，你自己先把对方责备你的话说出来，对方十之八九会以宽大、谅解的态度对待你。"

道歉是一种重要的社会礼仪，它需要人们拿出勇气，表现自己谦虚的一面，同时，它也要求一定的技巧。

1998 年 1 月 17 日，美国总统克林顿在保拉·琼丝提出的性骚扰诉讼中向陪审团秘密作证。作证时，他被问及他与曾任白宫实习生的莱温斯基是否有性关系，克林顿断然否认，但后来越来越多的证据证明克林顿撒了谎。1998 年 8 月，克林顿被迫承认绯闻，并向人民道歉，向内阁道歉，向妻子和家人道歉。8 月 17 日晚 10 时整，克林顿在白宫地图室面色沉重地向全国发表了约 5 分钟的电视讲话，就自己在莱温斯基性丑闻案中误导美国人民而向全国人民道歉，并对所发生的事情负全部责任。

克林顿道歉之后，妻子希拉里原谅了他。对于斯塔尔的调查报告，美国法律界人士也提出了严厉批评。女众议员沃尔特斯指出，斯塔尔的报告中有 548 次使用了"性"这个词。克林顿为绯闻案作证的 4 小时录像带在 9 月 21 日公开播出后，反而引起了美国民众对克林顿的同情，民众对克林顿的支持度上升了 6 个百分点。

但绯闻案的调查并未因此而画上句号，克林顿继续受到众议院的弹劾和参议院的审查，但他并未因此下台，而是继续完成了第二任的总统任期。1999 年 2 月 13 日，克林顿在白宫玫瑰园再次发表了一项道歉声明，他说："对自己引发这些事件的所作所为和因此给国会和美国人民增加的沉重负担，我是如此深深地感到抱歉。"

美国人原谅了这个绯闻总统。他道歉了，证明他"反省错误"了。他们觉得，宁可要一个有缺陷的人性化的总统，也不要一个没有人情味的国家领袖。

4 年之后，克林顿的自传《我的生活》，首印全美发行 150 万册，还没上市就被预订一空。

俗话说："人非圣贤，孰能无过。"我们都是很普通的人，既然犯错在所难免，而我们又不想将人际关系搞僵，那我们就该学会主动认错和道歉。

另外，当一个人认为自己可能会被人指责时，不妨以先发制人的方式先数落自己一番。因为人心是很奇特的，当对方发觉你已先道歉时，便不好再多指责。

美国心理学专家卡耐基在其《美好的人生》一书中，讲了他的一段经历：

从卡耐基家步行一分钟，就可以到达森林公园。他常常带着一只叫雷斯的小猎狗到公园散步。因为他们在公园里很少碰到人，又因为这条狗友善而不伤人，所以卡耐基常常不替雷斯系狗链或戴口罩。

有一天，他们在公园遇见了一位骑马的警察，警察严厉地说："你为什么让你的狗跑来跑去而不给它系上链子或戴上口罩？你难道不晓得这是违法的吗？"

"是的，我晓得。"卡耐基低声地说，"不过，我认为它不至于在这儿咬人。"

"你不认为！你不认为！法律是不管你怎么认为的。它可能在这里咬死松鼠，或咬伤小孩，这次我不追究，假如下次再被我碰上，你就必须跟法官解释了。"

卡耐基的确照办了。可是，他的雷斯不喜欢戴口罩，他也不喜欢它那样。一天下午，他和雷斯正在一座小坡上赛跑，突然，他看见那位执法大人正骑在一匹棕色的马上。

卡耐基想，这下栽了！他决定不等警察开口就先发制人："先生，这下你当场逮到我了。我错了，我有罪。你上星期警告过我，若是再带小狗出来而不替它戴口罩，你就要罚我。"

"好说，好说，"警察回答的声调很柔和，"我晓得在没有人的时候，谁都忍不住要带这样一条小狗出来溜达。"

"的确忍不住。"卡耐基说道，"但这是违法的，我还是感到罪恶，实在对不起。"

"哦，你大概把事情看得太严重了，"警察说，"我们这样吧，你只要让它跑过小山，到我看不到的地方，事情就算了。"

道歉最关键的两个基本点就是目的和态度。只有当你的歉意是发自内心的，而且你愿意为此承担责任的时候，对方才会感觉到你的诚意，道歉的目的才能达到。

作为一个生活在一定社会关系中的人，谁也避免不了在交往中伤害别人或被别人伤害。尽管大多数伤害是无意的，但学会道歉或学会接受道歉，仍然是开启原谅和恢复关系大门的金钥匙。

道歉不仅仅是说一句"对不起"那么简单。我们向别人道歉，就是承认我们的所作所为伤害了别人，或者有可能伤害别人，希望能予以弥补。虽然道歉后我们会感觉好点，但其实我们的内心还是会有一股相反的力量，想保护我们的自尊心和自己辛苦建立并维护的公众形象。我们之所以不愿道歉，是因为道歉就要承认自己有缺陷、不完美。道歉就是要战胜自己的自尊心。

有时候，人们也会因为害怕承担责任而不愿道歉。很多人害怕，即使自己道了歉，对方也不会领情；也有人害怕，道歉可能会暴露自己的缺点，失去别人的尊重，从而毁了自己的名声；还有人害怕报复。正因为这些顾虑确实有可能发生，才使道歉变得更有意义。

6.对人"关心"勿过度

每个人都需要一个能够把握的自我空间，它犹如一个无形的"气泡"，为自己划分了一定的"领域"。而当这个"领域"被他人触犯时，人便会觉得不舒服、不安全，甚至开始恼怒。

星云大师说："适度的关心是友情的润滑剂，过度的关心就会干扰到他人的生活，令人反感。就算我们的出发点是善意的，也该考虑下对方的感受，人家到底需不需要关心，我们不能仅凭自己的意识去判断，否则很容易误打误撞地给人家乱上添乱，从而影响彼此的关系。"

在现实生活中，这种例子举不胜举。一个你原来非常敬佩或喜欢的人，与其亲密接触一段时间后，对方的缺点日益显露出来，你就会在不知不觉中改变自己对其原有的感情，甚至变得非常失望与讨厌他。夫妻、恋人、朋友以及师生之间都不例外。

曾有人做过这样一个实验。

在一个大阅览室中，当里面仅有一位读者的时候，心理学家便进去坐在他（她）身旁，来测试他（她）的反应。结果，大部分人都快速、默默地远离心理学家到别的地方坐下，还有人非常干脆明确地说："你想干什么？"这个实验一共测试了整整80个人，结果都相同：在一个仅有两位读者的空旷阅览室中，任何一个被测试者都无法忍受一个陌生人紧挨着自己坐下。

由此可见，人和人之间需要保持一定的空间距离。

法国前总统戴高乐曾经说过："仆人眼里无英雄。"这也说明了人在和他人的交往过程中应该留有一定的余地——相应的心理距离，否则，伟大也会变得平凡。

戴高乐是一个非常会运用心理距离效应的人，他的座右铭是：保持一定的距离！这句话深刻地影响了他与自己的顾问、智囊以及参谋们的关系。

在戴高乐担任总统的十多年岁月中，他的秘书处、办公厅与私人参谋部等顾问及智囊机构中任何人的工作年限都不超过两年。他总是这样对刚上任的办公厅主任说："我只能用你两年，就像人们无法把参谋部的工作当作自己的职业一样，你也不能把办公厅主任当作自己的职业。"这就是他的规定。

后来，戴高乐解释说，这样规定有两个原因。第一，他觉得调动很正常，而固定才不正常。这可能是受到部队做法的影响，因为军队是流动的，不存在一直固定在一个地方的军队。第二，他不想让这些人成为自己"离不开的人"。唯有调动，相互之间才能够保持一定的距离，从而确保顾问与参谋的思维、决断具有新鲜感及充满朝气，并能杜绝顾问与参谋们利用总统与政府的名义来徇私舞弊。

戴高乐的这种做法值得我们深思。如果没有距离，领导决策就会过分依赖于秘书或者某几个人，易于让智囊人员干政，进而使他们假借领导名义谋一己之私，后果将会非常严重。两者相比，还是保持一定距离为好。

关心别人可以拉近彼此的距离，使友情更浓、交情更深。只不过，关心要有个度，过了难免会给别人造成伤害。

秦磊经过策划部门口时，杜涛正好急急忙忙地走出来。秦磊赶忙问："怎么了这是?"杜涛说："苏妍她不舒服，冒了一额头的冷汗!"秦磊这下也急了，平时他们几个关系好，听说苏妍病了，拔腿就冲进了策划部。

秦磊不管三七二十一，跑过去就大声吵吵："苏妍，你怎么了？严不严重？赶紧去医院吧!"苏妍抬头看是秦磊，有些不好意思地说："没关系，只是胃有点儿不舒服。"秦磊看苏妍面色苍白，立刻说道："不行，你看你都难受成什么样子了! 走，我陪你去医院!"苏妍道："真的没事，可能是中午喝的冰水太多了!"

这时候，苏妍的上司批评道："干吗呢？这不是菜市场。"苏妍刚要说话，秦磊抢话道："王经理，苏妍她非常不舒服，你看她这脸都变色了。"秦磊这一喊，部门里的同事们以及经理全都看向她这边，经理赶紧过来看情况，秦磊又一直说必须去医院，同事们也以为是非常严重的事情，跟着起哄。苏妍百般无奈下，被秦磊以及旁边的一位同事搀着去了医院。从此，苏妍开始跟秦磊拉开距离，她可不想再这样被他"关心"下去。

关心要有度，太过热情了，会让对方觉得无从应付而心烦意乱，更何况，哪里有勉强让别人接受关心的？过度的关心会形成一种负担和压力，无论是在亲情、友情还是爱情方面，过了往往会适得其反。

关心不是一厢情愿的鞍前马后，在跟朋友的交往中，适当的距离依旧可以产生美感。这需要我们以一颗平常心对待身边的人，遇事不可太大惊小怪，如情况不是很糟糕，要懂得尊重朋友的选择。

学会察言观色是人际交往中必不可少的一门学问，我们要清楚对方需要何种程度的关心，点到为止才能传达出好的情谊。同时，物以稀为贵，关心也是一样，在别人最需要关心的时候出现，我们的关心才能帮到对方心坎里。

别为一些鸡毛蒜皮的小事就扯出天大的灾难，这样会影响别人的心情。同时，过度的关心还会引起周遭人的误会，尤其在异性之间，会给彼此带来麻烦。对异性的关心，大多时候只需给予道义上的鼓励和信任就可以了，不需要凡事亲力亲为。

况且，很多时候，我们表现得过于关心和热情，反倒是不信任对方。比如，别人在处理一件事情，我们三番五次地询问，其实只是单纯的关心，可在别人眼里就像在督促他，不相信他的能力一样。这样一来，关系再好，也难免发生误会。误会在人际关系中是非常危险的，一旦发生，就很难解释清楚。所以，关心要有度，度把握得好，和别人的友情才能保质保量。

7.改变不好的惯性

有一个笑话：父子俩每天都要赶牛车下山卖柴。父亲较有经验，坐镇驾车。山路崎岖弯道多，儿子眼神好，总会在要转弯时提醒："爹，转弯啦！"一次，父亲因病歇息，儿子一人驾车。到了弯道，牛怎么也不肯转弯，儿子下车又推又拉，牛一动不动。最后只有一个办法，他贴近牛的耳朵大声叫道："爹，转弯啦！"牛果然应声而动。

星云大师说，佛教经典《爱道比丘尼经》提到"女人八十四态"，说的就是女人的八十四种惯性；《毗婆娑论》也有提到佛陀的弟子毕陵伽婆蹉，过去五百世中为婆罗门，生性傲慢，呼婢唤女已成习惯，每次过恒河都唤河神为"小婢"，虽然佛陀要他向河神道歉，但他还是惯性地对河神说："小婢！莫嗔，我与汝忏。"而佛陀的大弟子，头陀行第一的迦叶尊者，有一次听到四干闼婆王奏乐，竟不自觉地手舞足蹈起来，原来迦叶尊者曾做过乐人。

可见，习性一旦形成惯性，就很难改过来。

其实，习惯人皆有之。南方人习惯吃大米，北方人习惯吃面条，这是生活习惯；有的人喜欢边听音乐边学习，有的人则习惯于神情专注、不受干扰，这是学习习惯；有的人工作时习惯快刀斩乱麻、雷厉风行，有的人则习惯有头有绪、条理不紊，这是工作习惯。

习惯真可以说是无处不有、无处不在。正因为习惯如此之多，以至于人们常常忽视它的存在，无视它的作用。但是，你可千万不能轻视习惯的作用。好习惯是成功的助力器，而坏习惯则可能是通往成功之路的绊脚石。

美国前总统富兰克林在没有登上总统宝座之前，有一个不好的习惯：凡事太爱争强好胜，动不动就和别人打嘴皮官司，跟人很难和平相处。这个习惯使富兰克林失去了很多朋友。他觉悟之后，马上着手改变自己的习惯。他列出了一个清单，把自己认为的那些不良习惯一一列在上面，并且从最致命的不良习惯开始，一直纠正到不足挂齿的小毛病为止。当他把自己的毛病全部删除完毕之后，他身上剩下的都是良好的习惯，如善于倾听，懂得赞扬，会站在别人立场上想问题，会主动去爱，愿意多付出，等等。结果，他变成了美国历史上最受尊敬和爱戴的总统之一。

萧伯纳坚持"该先做的事情就先做"的习惯，使他成为了著名的作家；爱迪生坚持想睡就睡的习惯，保证了他工作时极高的效率，使思维保持活跃，从而有了一个又一个发明创造；约翰·洛克菲勒坚持工作有张有弛的习惯，使他成为了全世界拥有财富最多的人之一。这样的例子简直多得不可胜数。

事实上，失败者和成功者之间有很多东西是相同的，却在习惯方面有着很大的差异，正是这些不同造成了他们不同的命运。比如人的思维，我们说的思维定势其实就是一种习惯。一旦你的思维形成了定势，这种思维习惯就会决定你的思维成果。如果你的思维习惯于开拓、创新，你就能很容易产生新奇的想法，冒出思想的火花；如果你的思维习惯于凡事稳妥，没有积极创新的意识，那么你的大脑就只能产生保守的、步人后尘的观念。就如同你已养成了刷牙的习惯，你睡前睡后连想都不想就会走进盥洗间。

当我们每天重复做相同的一件事情时，那件事情就会成为习惯，也就是人们常说的"习惯成自然"。

如果你想像富兰克林那样养成良好的习惯，你就要赶快动手去重复实施你的计划。开始也许会觉得有些困难，但熟能生巧，当你做到一定程度时，难的也就变成容易的了。当变成容易的时候，你就会喜欢你的新习惯。一旦你喜欢上了你的新习惯，你就更愿意时常去做。这就是人的天性。

8.善用目光结善缘

星云大师指出，在与他人的交往中，能否博得对方好感，眼神可以起主要的作用。

如一对恋人在一起，双双一言不发，仅靠含情脉脉的眼神就能表达双方的爱慕之意。

再如，直觉敏锐的客户初次与推销人员接触时，往往仅看一下对方的眼睛就能判断出"这个人可信"或"要当心这小子会耍花样"，有的人甚至可以透过对方的眼神来判断他的工作能力强否。言行态度不太成熟的推销员，只要他的眼神好，有生气，即可一优遮百丑；反之，即使能说会道，如果眼睛不发光或眼神不好，也不能博得客户的青睐，反而会得个"光会耍嘴皮子"的评价。

下面这些都是遭人反感的不当眼神，你一定要注意在实际工作中尽量避免掉，以免不必要的麻烦。

（1）不正眼看人

不敢正眼看人可分为不正视对方的脸，不断地改变视线以离开对方的视线，低着头说话，眼睛盯着天花板或墙壁等没有人的地方说话，斜着眼睛看一眼对方后立刻转移视线，直愣愣地看着对方，当与对方的视线相交时，立刻慌慌张张地转移视线，等等。大家都知道，怯懦、害羞或神经过敏的人是很难成事的。

（2）眼珠四处乱转

当你找人办事时，要是有一双贼溜溜的眼睛可就麻烦了。有的人在找别人办事时常有目的地带着一副柔和的眼神，可是，一旦紧张或认真起来便会原形毕露，瞪着一双可怕的贼眼，反吓别人一大跳。

这种人必须时时刻刻注意自己平时的日常生活，养成使自己的眼神温和的习惯。此外，对一切宽宏大量，是治疗贼溜溜眼神的最佳办法。

（3）冷眼看人

如果有一颗冷酷无情的心，那么，眼睛也会给人一种冷冰冰的感觉。有的人心眼虽然很好，可是两眼看起来却冷若冰霜，例如理智胜过感情的人、缺乏表情变化的人、自尊心过强的人或性格刚强的人等大多有上述现象。这种人很容易被人误解，因而被人所嫌弃，这是十分不利于工作和生活的。

这些人完全可以对着镜子，琢磨一下如何才能使自己的眼神变得柔和亲切、惹人喜欢，同时也要研究一下心理学。如果对自己的矫正还不太放心，可请教一下朋友。

（4）直愣愣的眼神

在与别人交流时，环顾四周是件非常重要的事。如果你目不斜视，直愣愣地朝着对方的办公桌走去，那就是没有经验的表现。应该怎么办呢？首先，要环顾一下四周，视线能及的人（不要慌慌张张地瞪着大眼睛像找什么东西似的东张西望，而要用柔和亲切的眼神自然地环视四周），近的就走上前去打个招呼，远的就礼貌地行个注目礼。

对待任何人，即使与你的业务并无直接关系，也要诚心诚意地和他们打招呼，也许有一天，这些人就能给你意想不到的帮助。

总之，你要尽可能想办法克服上述那些不利于人与人之间交流的眼神。平时你也可以将自己所喜爱的，认为极富魅力的明星照片放在随时可以看到的地方，并经常观察它们。坐到镜子前，看看你眼睛的形状和光亮度，它们适合哪种眼神，做各种媚眼、平视、瞪眼、斜眼等动作，找到令你感觉最好的神态并加以训练，等你习惯以后就会不自觉地运用它们。

只要你加以练习，就能让自己的眼神看起来更加温柔，给人留下美好的感觉。这样有利于我们与他人交流，有助于形成良好的人际关系。

第四章

四修：
见人要微笑，常驻欢喜心

请不要抱怨世人的势利，事实上，如果换了你，你也不会乐意在一个整天絮叨、愤怒、仇恨的人身边多待。

——星云大师

1.你要快乐就能快乐

生活中，很多人都坚信，快乐是可以互相传染的，但有时快乐也会被人操纵。所以，很多人总是要求别人做出顺己意、舒己心的事。但是，又有几人能够顺从甚至永远顺从我们的要求呢？

例如，做员工的就要首先完成工作任务，如果你整天想着任务如同大山一般压在你的肩膀上，你永远都快乐不了；而如果你将完成任务当成一种乐趣，你就会很快乐，而你的快乐会在同事之间互相传染，如此，你就会跟随整个环境一起快乐起来。

快乐是自己给自己的，只要你想快乐，没有人可以把它从你那里夺走，因此，你要学会给自己快乐，每天用微笑诠释你的快乐。

每天微笑多一点，每天快乐就多一点。一件挺难的事儿，报以一个微笑，事情好像也变得简单了许多。微笑还可互相感染，你身边的人也会从微笑中变得自信起来。

说到工作快乐，职场中人纷纷抗议：我们整天忙都忙死了，累都累死了，哪还有工夫快乐啊，只是没有办法，为了生活，为了让自己过得舒适一点，只有辛勤工作罢了。

可是，你有没有想过，工作将占去人生一半的时间，把工作中的乐趣丢掉，你损失了多少？以人生一半时间的痛苦去换另一半时间所谓的快乐，你的快乐是不是打折了呢？

具有快乐心态的人在任何情况下都能快乐起来。

一次，美国前总统罗斯福的家中被盗，丢失了许多东西。一位朋友知道后，马上写信安慰他，劝他不必太在意。

罗斯福给这位朋友写了一封回信，信中说："亲爱的朋友，谢谢你来安慰我，我现在很平安，感谢生活。因为，第一，贼偷去的是我的东西，而没伤害我的生命，值得高兴；第二，贼只偷去我的部分东西，而不是全部，值得高兴；第三，最值得庆幸的是，做贼的是他，而不是我。"

对任何一个人来说，被盗绝对是一件不幸的事，但罗斯福却找出了感谢和庆幸的三个理由来让自己快乐。

所以，如何在不利的事件中看到其有利的一面，在消极的环境中看到积极的因素，在茫茫的黑夜里看到希望的黎明，在凄风苦雨中看到美丽的彩虹……这是一种处世哲学，也是生活中的大智慧。

想让工作天天快乐并不容易，但你可以换一个角度，树立积极的工作态度，想象着每天都是新的，每天都将有新的收获。老板向你发火时，你明白自己错在什么地方，可以避免下次再犯；工作任务量大时，你学会用积极的心态去面对，如此，你就会感觉事情并没有想象中那么困难；每天微笑着面对生活，别人就会知道你很快乐，就会愿意亲近你，与你相处，你的人际关系也会因此而变得更融洽。

2.发自内心的美好微笑

毫无疑问，几乎所有人都喜欢看到面带笑容的脸庞，同样，别人也希望看到的你是一个散播快乐的人，始终挂着发自内心的美好微笑。

星云大师说："中国人很讲究一个人的运势和影响力，相信和顺利的人在一起可以沾染好运，和倒霉的人在一起会沾染晦气。而在民间的传闻中，对于好运的人也都有这样的描述：印堂饱满红润、光泽如镜。这和眉头紧锁、唉声叹气的形象有着天壤之别。"

因此，如果一个已经陷入困境的人，仍不用心控制和调整自己的精神及面貌，还肆意地把愁苦暴露出来，那么这个人除了能获取一些旁人的可怜、同情，或者幸灾乐祸的嘲笑外，更多的恐怕是慌忙的躲避。

所以，让自己开朗起来，用乐观和平静去对付各种磨难，除了可以保持自己的格调外，还能赢得更多人的尊敬和关注，同时也能赢得改善生活的机会。

美国总统里根是一个让人印象深刻的杰出人物。和所有出身低微、贫苦的普通孩子一样，他的生活充满了酸涩。但可喜的是，尽管家庭条件异常窘迫，乐天派的他却毫不自卑、胆怯，遇到任何人、任何事，他都是一脸微笑。

里根小时候曾被父母锁在堆着马粪的房间里受训，让人吃惊的是，当家人以为他会大哭大闹的时候，他却拿起一把铲子准备移动那些粪便。面对父母诧异的目光，他兴奋地说："这里这么多马粪，我想，在这附近一定有一只小马！"所有人都被他独特的想象和超凡的乐观感染，忍不住笑出声来。

正是因为具备这种可贵的特质，所以当困苦和艰难来临的时候，里根没有皱眉愤怒，而是努力地顺应变化——他去球场卖过爆米花，去建筑工地做过临时工，做过公园的业余救生员，在学校餐厅刷过盘子……凡是可以独立完成的工作，他都乐意去接受。而他所有的付出，都是为了减轻家庭负担，为将来创造机会。

风雨坎坷，里根的人生逐渐呈现出一片绚烂。在从政之前，他做过许多职业，不仅曾是一名出色的体育播音员，也是一个作品颇多的专业演员（29 年间拍摄了 51 部电影）。在里根 69 岁这年，他成为了美国历史上年龄最大的总统，同时，他也是第二次世界大战结束后第一位任满两届的美国总统，他终于实现了自己出人头地的愿望。里根很聪明，他用他的自信和快乐——一种始终没有被贫困生活所击败，也没有被富贵的气势所压抑的自信和快乐，打动了整个世界，让生命的奇迹一次次在银幕之外真实发生。

让别人理解自己的痛苦，乐意和自己保持长久的联系并能给予支持和帮助，这就是里根的笑赢得的胜利。

现实生活中，命运常常会突然偏离既定的轨道，让人措手不及。但是，唯有热情、乐观的心是绝对不能和那些外在物质一起失去的！

3.让微笑诠释自己的快乐

　　加利福尼亚大学的研究人员曾发现，快乐的人更容易获得事业成功。该研究科目的带头人索尼亚说："导致这种现象的原因很可能是快乐的人经常会有积极的情绪，这种情绪能够激励他们更主动工作，接受新的知识。当他们觉得快乐的时候，会觉得很自信、乐观、精力充沛，这样会使他们更有亲和力。"

　　从心理学的角度来说，这个研究结果是有道理的。具有良好心理状态的人，能够更好地把有限的心理能量投入到外界建设性的事务中去，能够更自然地开展工作，更大地释放自己的潜能，提高工作效率，这对于取得成功是相当重要的因素。

　　而那些不快乐的人，消极的情绪会降低工作效率，而消极情绪背后的心理冲突常常会大量消耗有限的心理资源，"内耗"大了，用于从事建设性工作的精力自然就会减少，如同电脑被病毒感染以后，CPU（中央处理器）的系统资源大量被占用，正常的程序自然就会运行缓慢，且容易"死机"。

　　如此，我们还有什么理由不快乐呢？

　　调整好自己的心态，树立热爱工作的态度，让我们勇往直前吧，无论多大的风雨我们都不怕，因为快乐是自己给自己的，我们有权掌握自己的快乐砝码！我们可以做到，我们会以微笑诠释我们的快乐！

　　此刻，有人会说，谁不想让自己过得快乐点呢？我们也知道自己快不快乐关键在于自己的心态、态度，可是我们就是没有办法说服自己，让自己快乐，总感觉有好多事情让我们快乐不起来，该怎么办呢？

要想让自己在职场中快乐起来，必须从自身的修炼做起，如此锻炼自己的意念，你一定会快乐起来。

"假装快乐"调整情绪——悲伤的情绪会导致人体新陈代谢减缓，所以人在悲伤的时候往往会精力衰退，兴趣全无。"假装快乐"是一种快速调整情绪获得快乐的方法，虽然治标不治本，但的确有效。

心理学研究发现，人类的身体和心理是互相影响、互相作用的整体。某种情绪会引发相应的肢体语言，比如愤怒时，我们会握紧拳头，呼吸急促；快乐时，我们会嘴角上扬，面部肌肉放松。同样，肢体语言的改变也会导致情绪的变化，当无法调整内心情绪时，你可以调整肢体语言，带动你需要的情绪。比如，强迫自己做微笑的动作，你就会发现内心开始涌动欢喜。所以，假装快乐，你就会真的快乐起来，这就是身心互动原理。

行为获得快乐——这种快乐感受还可以通过行为获得。当你情绪压抑的时候，可以找个地方尝试一下"笑功"的功效：先站直，然后身体前屈90度，再后仰10度，并配合喊出"哈哈哈哈"的声音，动作和声音力求夸张，连做6次，前后对比就会有不同感受。相信你做完就不那么郁闷了。

修身养性——以上两种方法都治标不治本，能否发自内心地真正快乐，还要看自己本身的工作态度和生活态度。也就是说，如果你自己没有一个好的、积极向上的工作态度和生活态度，即使工作或生活在一个快乐的集体里，也是无济于事的。

这些说着容易做起来就难了，每个人的性格、脾气、承受挫折的能力都是不一样的，可能有些人天生看事情就比较悲观，容易往坏的方面想。因此，我们要修身养性，学会热爱生活，热爱工作，融入工作环境，融入工作群体，学会简单，学会宽容，不斤斤计较，与人为善。

4.放下抱怨，远离烦恼

心理学家说，人若有抱怨，应该说出来，才不会在心内郁积，憋出病来。

星云大师说，这个说法基本上是没错的，但要说可以，不能"随便"说。生活中，哀伤、郁闷、不满是每个人都会有的情绪。如果人一味地去抱怨那些让人烦恼的事情，永远都不会有一个积极的心态去对待生活。抱怨的事情越多，令人痛苦的事情就会越多，如此也会对生活失去希望。抱怨就像乌云，一直沉浸在其中，只会沦陷在痛苦的沼泽中不能自拔。

"真讨厌，今天又堵车了，每天能不能不这么烦人。"也许你早上到公司的时候会这样和同事抱怨，然后你会发现自己一整天都在对这件事情耿耿于怀。

现实中存在不少这样的人，他们把抱怨当成聊天的一个内容，而不会寻找其他的话题。即使没有特别的事情发生，人们可以抱怨的事情也是五花八门：天气、交通状况、商场里拥挤的人群、银行里的长队、变老的事实、待遇太少、疾病的困扰、子女的问题等。

大多数人都会觉得抱怨是很好的发泄工具，可以在受到挫折或面临困难的时候放松自己的心情，却忽略了这种情绪对自己的严重影响。

唐朝宰相裴休是一个虔诚的佛教徒，他的儿子裴文德年纪轻轻就中了状元，进了翰林院，位列学士。但裴休认为儿子虽然科举成功，但还没有真实的人生历练。因此，他把儿子送到寺院中修行参学，并且要他先从行单（苦工）上的水头和火头做起。

于是，这位少年得意的翰林学士不得不天天在寺院里挑水砍柴。每天，他都累得要死，心中不免牢骚，抱怨父亲不该把他送到深山古寺中做牛做马。但父命难违，他只好强自忍耐。时间一长，裴翰林又把心中的怨气发到了寺里的和尚头上，心说：这里的方丈太不识趣了，我不如写首诗，让他给我换个轻松的差事。

有一天，裴翰林在墙壁上题了两句诗：

翰林挑水汗淋腰，

和尚吃了怎能消？

该寺住持无德禅师看到后，微微一笑，当即在其诗后也题了两句：

老僧一炷香，

能消万劫粮。

裴文德看过后，心说自己实在太浅薄了，从此收束心性，老老实实地劳役修行。

普通人有一个共同的毛病：肚子里搁不住抱怨，有一点喜怒哀乐之事，就总想找个人谈谈；更有甚者，不分时间、对象、场合，见什么人都把抱怨往外掏，结果把自己的心情弄得更糟。

有一位法师，他在乘坐公交车的时候，看到一位老太牵着她的孙子上了车。车上的人非常多，已经没有空位了，法师看这位老太太年龄已经很大了，便把自己的座位让给了她，但这位老太太很心疼孙子，把座位让给了孙子。

这位法师在心中嘀咕："我是看你年龄大，站立不稳，才给你让座的！"

过了两三站之后，老太太和她的孙子准备下车。老太太回头四处张望，她并不是在找法师，而是在车的后面有一位她认识的年轻人，她把这位年轻人叫了过来，让他坐到了这个座位上。

法师心中想："怎么有这种人呢？我让座位给你，你不坐，也应该还给我啊，至少也应该向我表达一下谢意，却什么都不说，竟然还叫别人来这里坐。"

为了此事，这个法师耿耿于怀，总是想起这件事情。十多年过去了，他还在不停地向别人抱怨这件事，以此来说明人性是多么自私。

如果我们一遇到问题就无休止地抱怨，一味沉溺在已经发生的事情中，那我们只会活在迷离混沌的状态中，看不见前头一片明朗的人生，生活也会失去很多乐趣。

5.厌恶苦，并无法驱走苦

星云大师介绍佛学时说："这个世界上充满了缺憾，甚多苦难，而人与一切众生，不但能忍受其缺憾与许多的苦难，而且仍有很多的人们孜孜向善，所以值得赞叹。如果世界上没有缺憾与苦难，自然分不出善恶，根本也无善恶可言，那应该是自然的完全为善，那就无可厚非，无所称赞了。"

大哲学家尼采说过："受苦的人，没有悲观的权利。"已经受苦了，为什么还要被剥夺悲观的权利呢？因为受苦的人必须克服困境，悲伤和哭泣只能加重伤痛，所以不但不能悲观，还要比别人更积极。

任何一条通向成功的道路都不会一帆风顺、平平坦坦，或多或少都会走些弯路。经历过一次又一次跌倒，人们才能为成功找到出路。

生活中，每个人都会面临失败的考验。成功者也会失败，但他们之所以是成功者，是因为他们失败了以后，不是为失败而哭泣流泪，而是从失败中总结教训，并勇敢地站起来，再接再厉。

失败者则不然。他们失败之后，不是积极地从失败中总结教训，而是一蹶不振，始终生活在失败的阴影里。他们可能也会总结，但他们的总结只限于曾经失败的事情："我当初要是不那么做就好了。""我开始要是这么做就不会失败了。"或找出种种借口为自己的过错开脱责任。

美国生理学家谢灵顿年轻时曾不务正业，人们称他"坏种"。开始时，他并不以为耻，毫无悔过之心。可有一次，他向一位他深深爱慕的女孩求婚，那女孩儿说："我宁愿投河淹死，也绝不嫁给你！"

听了这话，谢灵顿觉得无地自容，羞愧万分。他从此幡然悔悟，发誓道："将要以辉煌的成就出现在人们面前。"之后，他努力学习，刻苦钻研，在中枢神经系统生理学方面硕果累累，先后在英国多所名牌大学任教授，并于1932年获诺贝尔医学奖。

成功和失败之间，往往只有一线之隔。如果你能正确地认识到自己的不足，并加以更正，最后的胜利就一定会属于你。

美国著名电台广播员莎莉·拉菲尔在她30年职业生涯中，曾经被辞退18次，可她每次都放眼最高处，确立更远大的目标。

最初，由于美国大部分无线电台认为女性不能吸引观众，所以没有一家电台愿意雇用她。她好不容易在纽约的一家电台谋求到一份差事，不久又遭辞退，说她跟不上时代。莎莉并没有因此而灰心丧气，她总结了失败的教训之后，又向国家广播公司电台推销她的节目构想。电台勉强答应了，但提出要她先在政治台主持节目。"我对政治所知不多，恐怕很难成功。"她一度非常犹豫，但坚定的信心促使她去大胆地尝试。她对这份工作早已轻车熟路，于是，她利用自己的长处和平易近人的性格，大谈即将到来的7月4日国庆节对她自己有何意义，还请观众打电话来畅谈他们的感受。听众立刻对这个节目产生了兴趣，她也因此而一举成名。

如今，莎莉·拉菲尔已经成为自办电视节目的主持人，曾两度获得重要的主持人奖项。她说："我被人辞退18次，本来可能会被这些厄运吓退，做不成我想做的事情。但结果正好相反，我让它们鞭策我勇往直前。"

若总把眼光拘泥于挫折的痛感上，就很难再抽出身来想一想自己下一步如何努力，最后如何成功。

一个拳击运动员说："当你的左眼被打伤时，右眼还得睁得大大的，才能够看清敌人，也才能够有机会还手。如果右眼同时闭上，那么不但右眼也要挨拳，恐怕连命都难保！"

在冰天雪地中历险的人都知道，凡是在途中说"我撑不下去了，让我躺下来喘口气"的同伴，很快就会死亡，因为当他不再走、不再动时，他的体温就会迅速降低，接着很快就会被冻死。在人生的战场上，如果失去了跌倒以后再爬起来的勇气，我们就只能得到彻底的失败。

慧律法师说："厌恶苦并无法驱走苦，唯有放下想要苦消失的念头，也就是去正面地接受它，苦才会有消失的一天。当我们想到无穷尽的存在界本具不圆满性时，我们内心那一点的痛苦又何足挂齿呢？不让心追逐乐受，也不让心堕于苦受，就让它们顺其自然。"

6.愿众生欢喜，你自己也能解脱

星云大师说："一张开心的面孔对病人的帮助，犹如宜人的气候有益健康。只有死人才不会犯错。别害怕阴影，它只不过是告诉你在不远处有亮光。有一件事可以让你对每件事都产生好感，那就是你心中闪着一个念头：好事将近了！人生中要紧的未必是际遇，而是应付际遇的态度。"

杰瑞是个不同寻常的人，他的心情总是很好，而且对事物总是抱持着乐观的看法。

当有人问他近况如何时，他回答："我快乐无比。"

他是个饭店经理，却是个独特的经理。因为他换过几个饭店，而这几个饭店的待应生在他还工作时都跟着跳槽了。他天生就是个鼓舞者。

如果哪个雇员心情不好，杰瑞就会告诉他怎样乐观地去看待事物。

这样的生活态度实在让人好奇，终于有一天，一个名叫杰克逊的人对杰瑞说，这很难办到，一个人不可能总是乐观地对待生活。

"你是怎样做到的？"杰克逊问道。

杰瑞答道："每天早上，我一醒来就对自己说：杰瑞，你今天有两种选择，你可以选择心情愉快，也可以选择心情不好。我选择心情愉快。"

"每次有坏事发生时，我可以选择成为一个受害者，也可以选择从中学些东西。我选择从中学习。"

"每次有人跑到我面前诉苦或抱怨，我可以选择接受他们的抱怨，也可以选择指出事情的正面。我选择后者。"

"是！对！可是没有那么容易吧。"杰克逊立刻反问。

"就是这么容易。"杰瑞答道。

人生有时就是一种选择。正像我们无法选择工作，但可以选择对待工作的态度，可以选择处理工作的方法一样，改变不了天气，难道就不能改变自己的心情吗？

快乐是一种情绪，懂得了控制情绪的方法，你就能站在快乐的一方。

谁都无法"平安无事、无忧无虑"地过一辈子，谁都可能遇到不是那么尽如人意的事，有的人能从挫折中了解人生的真谛，从困难中取得生存的经验，从而欢乐常有，勇于奋进，终于到达成功的彼岸；而有的人则把苦难和忧愁闷在心上，整日里阴云淫雨，烦恼不尽，不能自拔，不仅难点照旧，事业无成，而且累及身心健康。

因此可以说，一个人快乐与否，不在于他是否遇到什么困境，而在于他怎样看待困境。也就是说，消极心态与快乐是无缘的。

星期天，你本来约好和朋友出去玩，可是早晨起来往窗外一看，下雨了。这时候，你怎么想？你也许想：糟糕！下雨天，哪儿也去不成了，闷在家里真没劲。如果你想：下雨了，也好，今天在家里好好读读书，听听音乐，也很不错。这两种不同的心理暗示，就会给你带来两种不同的思考方式和行为。

你可以选择从快乐的角度去看待生活，也可以选择痛苦的角度。鱼在水里游来游去，那么从容，那么自在，它的快乐全部弥漫在水中，而我们人类的快乐全部藏匿在生活的每个角落，它们是那样的简单，简单到只需人们用心去细细地品味。

台湾著名漫画家蔡志忠说：如果拿橘子比喻人生，一种是大而酸的，另一种就是小而甜的。一些人拿到大的会抱怨酸，拿到甜的会抱怨小；而有些人拿到小的就会庆幸它是甜的，拿到酸的就会感谢它是大的。当我们不知事情该如何进展下去时，换个角度思考，也许问题就会迎刃而解。

若你每天的心愿都是愿众生欢喜，你自己也会解脱。从烦恼的人到解脱的人，其间只不过是一步而已。

7.掌握好心情的法则

　　星云大师说，一个人要想掌握心情的法则，懂得自己的心情，并达到控制心情的目的，是一件说简单也简单、说困难也困难的事情。关键要看这个人到底花了多少心思、下了多大的决心来做这件事情。

　　每天，当我们在晨光中醒来的时候，心情已经悄然声息地有了改变：昨日的快乐已变成今日的哀愁，或者是昨日的忧愁变成了今天的快乐；当然，今日的坏心情也可能转化为明日的好心情，或者是今天的好心情转化成明天的坏心情。

　　心情就像一个转盘，不停地旋转，乐极而悲，喜极而忧。这就好比那多变的天气，阴晴不定。但我们要知道，心情并不是不能控制的，即便它们会变化，只要我们懂得如何控制它，每天都能拥有一个好心情。

　　情绪具有自然的本性，要想控制自己的情绪，必须以自制的力量驾驭它。这就如同花草树木一样，也是自然的本性，要想改变这些，还得需要自然的力量来改变。花草树木随着气候的变化而生长，也随着气候的变化而凋零。

　　因此，我们要学会用自己的心灵来弥补情绪的不足。情绪是可以变化的，但人的心灵是不可能变的。也就是说，人的本性是不会变的。

　　那么，我们要怎样才能控制自己的情绪，让自己每天都充满幸福和欢乐呢？

其实很简单，就是用心情与心情对抗。比如说，在你沮丧时，可以用兴奋的心情来与它对抗，你可以大声地歌唱或者激烈地运动，以此来驱赶沮丧的情绪；在你感觉到悲伤的时候，你可以用愉快的心情来消磨这种悲伤的情绪，你可以开怀大笑，可以多看一些轻松幽默的漫画或影视剧。

由此及彼，在你恐惧时，你要勇往直前；在你自卑时，你要找到自信，比如换上新装，换个自信的发型；在你不安时，你要表现得勇敢一点，比如提高嗓音、放慢脚步等。

总之，我们不能任凭这种不好的情绪在心里横冲直撞，肆意破坏我们的心情。要知道，这种情绪在破坏我们心情的同时，也在消耗着我们的精力，让我们花了很大的气力却只做了很少的事。不仅如此，它还是一个恶性循环，会导致我们的心情变得更差。

情绪是一把双刃剑。好的情绪能帮助我们，当一个人的情绪高涨时，对待周围的人也会相当温和，办事效率会有明显提高；但当一个人情绪低落时，就会出现很多的差错。所以，这把双刃剑如果用不好，就会出问题，给我们的生活和工作带来很大的麻烦。

因此，最好的办法是保持我们情绪稳定，尽量不使它大起大落。这样可以保持一种平静的心境，然后加上理智的作用，定能将我们的情绪稳定在安全线以上。

然而，这种理智和情绪并不是完全孤立的，而是有联系的。比如说，良好的情绪可以给我们的理智指明方向，使理性更加趋于成熟、完善，从而让我们的思考更加顺利，心情更加愉快，成就感体现得更加强烈，前进的脚步也就相对加快。

总之，一个心情变化起伏很大或变化频率很高的人，无论他们的办事能力怎么样，他们总是会出些差错或者做一些连自己都难以理解的事情。因此，如果你想让自己一直处在优势地位，就必须学会控制自己的情绪。

控制情绪时，最大的障碍就是心情的浮躁。浮躁是现代人的一种通病，其中包括嫉妒、虚荣、目光短浅，还有不切实际、好高骛远等一系列的心理状态。有的人光想干大事，幻想一夜成为百万富翁，却没有任何行动。他们的心情根本就无法平静下来，心浮气躁，看什么都想去捞一把，犹如猴子掰玉米，掰一个丢一个，最终结果却是一无所获。

每个人控制浮躁情绪的方法不同，付出的努力也不一样。有的人很容易就做到了，而有的人却一辈子还是那个臭脾气，说到底，这与一个人的性格有着很大的关系。如果是一个脾气温和的人，那他很快就能平静下来；而一个本来脾气就很火爆的人，控制情绪对他而言是很难的。

不过，不管是谁，只要做到下面几点，也就基本可以了：

(1) 暗示自己

每天要多提醒自己，千万不要急躁，尽量使自己的心情安静，保持心平气和。每当你稍有浮躁时，你就用这种暗示和自我鼓励来控制自己的心情，久而久之就会成为一种习惯。

(2) 生活中形成规律

最好让自己的生活变得井井有条，让自己的生活充满规律。形成规律以后，你会发现，生活并不是那么让你厌烦。因为生活有了规律之后，每天你都知道自己要做什么，也知道自己该做什么。这样，心情自然就会好很多，而这种好心情最终也会有助于你以平静的心态去应付每天的生活和工作。

(3) 多参加运动

实践证明，运动能让心情保持轻松愉快。因为运动能使人把身体里多余的精力释放出来，而这些多余的精力就像那些残渣一样经常堵住人们的情绪排放，最终导致情绪失控。运动正好能给多余的情绪一个排放的方式，在流出汗液的时候，你的负面情绪也就跟着流出了体外。

（4）回归自然

当我们在登山或去森林中漫步时，会很不自觉地将自己的身心投入到大自然中，专心聆听大自然的声音，去呼吸清新的空气。这时，所有的烦恼都会随风而逝，原本郁闷的心情也会顿时烟消云散。这时，你会在回归自然的过程中找到真实的自我。

8.欢喜但向己求，莫从他觅

虽然我们不能改变周遭的世界，但我们可以用慈悲心和智慧心来面对这一切。用积极的心态处世，"兵来将挡，水来土掩"，不被世事沉浮影响心境，做到"无喜无忧"，也就是有好事不过度狂喜，有坏事不过度惆怅。

《易传》里说："乐天知命故无忧。"人的一生充满了烦恼忧愁，需要"无忧"来消解这些烦恼忧愁。有时，生活中风波不断，忧愁、苦闷全都找上门来。当我们面对这些无可奈何的时候，不要沮丧放弃，我们可以自己寻找生活的惊喜，给灰色的人生增添一抹亮色。

欢喜要从哪里来？星云大师说："但向己求，莫从他觅，觅即不得，得亦不真。"意思是说，欢喜要靠我们自己去创造，不能指望别人给予。

欢喜与否取决于我们的心境，世界上没有绝对不好的东西，也没有什么绝对的欢喜。心里装满了欢喜，粗茶淡饭也会觉得是人间难得的美味；内心装满了欢喜，就是路上堵车，也能以欣赏的眼光观看道旁的风景。这就是欢喜的好处，让我们时刻保持愉悦，而不是敲着方向盘大骂堵车耽误时间。

有个小和尚很小的时候就上了山，陪在师父身边，两个人在山上的庙里度过了好几年的时光。渐渐地，小和尚开始觉得有些寂寞，山上的景色他已经看了个遍，想去山下看看大千世界，但小和尚不敢跟师父说，于是整天愁眉苦脸，师父不在的时候就唉声叹气的，做什么都提不起兴趣。

小和尚以为师父不知道自己的心事，但师父一眼就看出小和尚动了"凡心"，导致不能安心学佛。于是，一天清晨，师父叫来了小和尚，对他说："为师想要吃些新鲜的果子，你去后山帮为师摘一些回来。"

小和尚点点头，他穿林过河，来到了后山，找了几种不同的果子，带回来给师父。可师父看到果子的时候却摇摇头，说："这果子我不爱吃，重新摘吧。"

小和尚很纳闷，师父怎么挑起食来了？他教导过自己不能挑食。小和尚再次到了后山，精心挑选了几种甜美多汁的果子，没想到师父又摇摇头，说："这果子太酸，为师不要。"

第三次踏上后山的小和尚失去了所有的耐心，躺在一处青草里，看着天空和远处的树林，想不通师父今天为什么如此奇怪。渐渐地，周围的风景把他迷住了，他越看越入迷，一直看到了天黑。

回来后，师父满意地点点头，说："你终于懂得了欣赏，寺里生活枯燥，正需要一些欣赏的眼光才能够坚持下去啊。"

有个老太太的大女儿卖伞，二女儿卖鞋，老太太总是很忧伤，她觉得晴天大女儿的生意不好做，雨天二女儿的生意不好做。有一位和尚路过得知此事，告诉她："你应该高兴才对，雨天大女儿的生意会很好，晴天二女儿的生意会很好。"老太太听了，笑逐颜开。

生活不易，我们要学会自己娱乐自己，这种生活态度能够让我们更好地保持一种平和愉悦的心情。用良好的心态屏蔽烦恼是最简单直接的方式，随时随地保持欢喜之心，对别人的一切都以欢喜之心来包容。哪怕生活再艰苦，再让人难熬，只要有一个良好的心态，懂得自己寻找快乐，在生活的大风浪里，我们就不会落于下风。

第五章

五修：
吃亏不要紧，磨难为上缘

吃亏是福，藏匿着天理人欲的平衡，若要将吃亏是福作为人生信念来守持，必须接受佛学理念的三世说，当然，这对崇尚争眼前、争一时、争朝夕的急功近利的急躁心态来说，这一说法是不对他们心路的。

——星云大师

1.为什么佛家说"吃亏是福"

"吃亏是福"，此语是从佛学观念中所孵化出来的一句口头禅。星云大师说："吃亏是福，藏匿着天理人欲的平衡，所要揭示的是天底下的生命因缘果报的轮回。轮回是一种平衡方式，一时平衡不了，就有一世的平衡；一世平衡不了，就有来世的平衡。若要将吃亏是福作为人生信念来守持，必须接受佛学理念的三世说。当然，对于崇尚争眼前、争一时、争朝夕的急功近利的急躁心态来说，这一说法是不对他们心路的。"

许多人根本不敢相信在吃亏后面藏匿着福，事实上，也并不是所有亏的后面都藏匿着福报。

亏有许多类型：其一，在正常的博弈场面上，运不如人、技不如人只是技术和运气之亏，显然，这样的亏后面是不可能藏匿着福的。其二，出于事先的心理预期的设定，总认为自己该得到这样或那样，但结果与设想有了距离，认为自己该得到而没有得到，从而认定自己吃了亏，这不叫亏，是自己的心理预期的设置有问题。

那么，什么样的亏背后掩藏着生命的福祉呢？

很多亏是抵挡不住、无法控制的，它不是因为人为的过错所招惹，而是出自人生的定数，属于被动性的无法无奈之亏，此亏不吃不行；有些是主动性的亏，为了得到或捍卫一些东西，必须接受其所带来的亏，这样的亏，称之为代价或成本，不过可以控制。

为了让人生的内涵与形象更优质一点，为了践行自己的理想与志向，守住自己的良心而吃了利益上的亏，值！为了捍卫自己的人格尊严而吃了利益上的亏，值！为了攀登天理而吃了利益上的亏，值！为了顾及和维护亲情、爱情和友情而吃了利益之亏，值！为了活得真实、自由而吃了利益之亏，值！

简言之，为了人生与生命的本真着想，一时间失掉一些身外之物，值！千万不要回避必要的成本与代价。

站在生命的终极视线上看，所谓看得见摸得着的东西，什么钱财、地位和名声，无非都是身外之物，生不带来，死不带走，为此亏赢都不重要，重要的是不能亏自己的良心良知，因为良心良知是人性的本质，是区别人与动物的重要标志。

吃亏本身或许并不重要，重要的是为什么而吃亏，因为这关系到吃亏是否是福的问题：

为人处世正大光明却与鬼祟卑劣的小人共事在一起，小人利用了你，事后又在适当的时候将你一脚踢开或踢翻，还给你系上一个"不是"的绳索，这是为正大光明而吃亏；

善良纯正、表里一致、言行一致而以心度心，轻信了别人的好言好语，最终却被设制的"机关"所暗算，这是为诚实而吃亏；

见义勇为，为捍卫正义而挺身而出，结果受到伤害甚至陷入困境，这是为正义而吃亏；

出于做人要善良的考虑，真诚地帮助了人，并没有考虑什么报酬，却惹来了不少麻烦，招来许多非议甚至受到伤害而无人理睬，这是为善良而吃亏。

上述情形的亏是值得承受的，这就是福源的出处和原因，多吃多福，不吃没福。千万不要为此而沮丧，因为正大光明、善良纯正、正义侠义、良心良知终究是天地之大道，为大道而吃亏，必有福报，这既是信念，也是事实。

2.从做人高度来看待吃亏

在代价与吃亏面前，大部分人都会困惑不解，心情也会乱七八糟，在得不到解释的时候，往往会从初衷上找原因，是自己的用心错了？如果在这个时候修改或否定自己的初衷，在心态上就可能发生灾难性的后果，即心态走向变异，许多人的心路都是先善后恶，为善良而付出了沉重的代价之后，才举起恶的利剑，换上恶的狰狞。

星云大师认为：无论是理性的考虑，还是性格的驱动，只要初衷或用意反映了天地间的大道思想，符合人性的本真原则，就不应该为吃亏感到沮丧，无须去后悔，无须去检讨，高尚的风韵、高尚的体验就是这样生成的。顺着大道走，就是朝着太阳走，为大道而吃亏是福分，福报在后头。

在职场和生活中，我们常常会遇到一些利益上的冲突或情感上的伤害。这些利益损害和感情伤害不是很大，用法律上的话说就是"小偷小摸，够不上刑事处分"，可是又搞得你很不爽。忍了吧，那种愤怒、不快的心情在心里压抑久了会憋出病来；不忍吧，有些损害是你无力抗争的，或者就算你有力抗争，但长此以往，会搞得处处树敌，给人一个"刺头"的印象，对自己的人生之路没什么好处。

其实，说白了就是：吃这些亏我认了。因为凡是理智的人都知道，为一些蝇头小利锱铢必较、伤肝伤肺不合算，但是，如何说服自己呢？

把不快的心情硬压到心里当然可以，但时间一长，身体健康怕是要出问题。

要心甘情愿地吃亏，还得从道理上说服自己，解开思想上的疙瘩，主动吃亏，乐意吃亏，心平气和地吃亏。

首先，要有全局观念。

要清楚自己的定位、自己的角色、自己在流程中处于哪个阶段。有了全局观点，眼光就会开阔，不会因为自己所处的位置而吃亏感到不平。俗话说，"出头的椽子先烂"，问题出在椽子身上，因为出头的应该是房瓦和屋檐，椽子不应该出头。你看，栋梁就不会先烂，因为它知道自己的角色是负重，而不是强出头。有些时候，某个位置注定是要被用来牺牲的，如果不满意，可以想办法换个位置。但如果你要待在这个位置上，而又不甘于为这个位置做出牺牲，不愿意吃亏，就会弄得整个大局不和谐、不协调，整个系统运作也会因此变得不正常。

所以，所谓顾全大局，就是要吃亏。这次不吃亏，不顾全大局，"皮之不存，毛将焉附?"下次吃的亏会更大。

其次，要换位思考。

俗话说："将心比心。"一些人常与别人发生冲突，经常感到自己吃亏，原因就是太自我，考虑问题都以自己为中心，以自己的利益为取舍。这样的人总觉得别人亏欠她（他），就算是她（他）做错了，也会为自己找出理由，然后抱怨别人为什么不知道这些理由，不能理解她（他），从而感到委屈。

这种人，主要是因为人生太顺利了，没有遇到过挫折，觉得全世界都应该为她（他）服务，地球应该绕着她（他）转。得便宜的时候，她（他）觉得理所当然，吃亏的时候就觉得愤愤不平。事实上，社会就是丛林，不是你的父母，也不是你的家，没有理由为你提供荫庇，也没有理由一定要理解你，你违反了游戏规则就要受到惩罚。

如果能够换位思考，多想想人家的难处，多体谅别人，"如果你在那个位置上，你会怎么样做，会做得更好吗？"

多换位思想，就不会总觉得吃亏，总有委屈感了。

最后，也是最重要的一点，就是要从更高的层次考虑问题。

铁路大王安德鲁小时候，别人经常逗他玩，扔给他一两分的硬币，他总是捡一分币，放弃两分币。别人都笑他傻，之后更是乐此不疲地这样逗他。他悄悄对好朋友说："如果我捡两分币，他们还会扔硬币给我吗？"这是一个典型的吃小亏赚大便宜的故事。

围棋上也有这一招，放弃一个子给对方吃，赢得下子先机和气势，把对方的一片子好像包饺子一样包围起来。

更高的一个层次，关乎一个人的形象和品牌。

日本战国时代，群雄逐鹿，其中，织田信长的气势最盛，最有希望统一全国。但他有个致命的弱点，就是太精于计算现实利益，甚至到了不讲信义、不讲道义的程度。有一次，他的一个盟国受到攻击，他的兵力陷了进去。这时，他面临着一个选择：继续支持盟国，就会损失兵力；撒手不管地撤兵，就可以保存实力。他选择了后者。

当时作为他属下的丰臣秀吉对他的选择很不认同：选择后者固然可以保存实力，但在世人眼里，就是不守信用、不讲信义。从这个战略层面考虑，以后要统一全国，不知要牺牲多少倍兵力，才能重塑形象，挽回人心。

后来的情形果然如丰臣秀吉所料，每当要别人投降或结盟时，对方就会说："织田信长不讲信义、不守信用，不能以身相托付。"结果只能一座座城池、一个个地盘地苦攻苦打，消耗的兵力何至几倍于前呀！

很多人，人称"有福气"、"有贵人相助"，其实就是因为他的为人处世能吃亏、愿吃亏，得到别人的信任和支持。所以，从做人这个高度来看待吃亏，你就会觉得，每一次吃亏都是一次人缘的投资，都是上天赐予你的机会。

3.不妨"主动"吃点亏

星云大师认为："吃亏"有两种，一种是主动吃亏，一种是被动吃亏。

"被动吃亏"是指在未被告知的情形下，突然被分派了一个并不十分愿意做的工作，或是工作量突然增加。碰到这种情形，如果发现没有抗拒的余地，那更应该"愉快"地接下来。也许你不太情愿，但形势如此，也只好用"吃亏就是占便宜"来自我宽慰，要不然还能怎么办呢？至于有没有"便宜"可占，那是很难说的，因为那些"亏"有可能是对你的考验，考验你的心志和能力。姑且不论是否"重用"，在"吃亏"的状态下，磨炼出了耐性，这对日后做事肯定是有帮助的。

"主动吃亏"指的是主动去争取"吃亏"的机会，这种机会是指没有人愿意做的事、困难的事、报酬少的事。这种事因为无便宜可占，因此大部分人不是拒绝就是不情愿。但是，这是你扩展人际关系的好机会。最重要的是，什么事都做，正可以磨炼人的做事能力和耐力，不但懂的比别人多，也进步得比别人快，这是无形资产，绝不是钱能买得到的。这是积累工作经验、提高做事能力、扩张人际网络最好的方法。

香港富商李嘉诚曾经对他的儿子李泽楷说："和别人合作，假如你拿7分合理，8分也可以，那么拿6分就够了。"

李嘉诚这么说是在告诫儿子，他的主动吃亏可以让更多的人愿意和他合作。

想想看，虽然他只拿了6分，但是多了100个合作人，他现在能拿多少个6分？假如拿8分的话，100个人会变成5个人，结果是亏是赚，不言而喻。

李嘉诚一生与很多人有过长期或短期的合作，分手的时候，他总愿意自己少分一点；如果生意做得不理想，他会什么也不要，甘愿自己吃亏。

正是这种风度和气量，才使人乐于和李嘉诚合作。所以，李嘉诚的成功更得力于他恰到好处的处世交友经验。生意没了，人情却可以赚"一大把"。

于情于理，于公于私，追求个人利益的最大化都无可厚非。但绞尽脑汁地多占便宜、避免吃亏，就能找到幸福，走向成功吗？恐怕不一定。太小气、爱占便宜的人一般都没有什么朋友。因为跟这样的人相处，总觉得他在占自己的便宜。而那些大方的人常常目光远大，懂得"有付出才有得到"的道理。

在人生的历程中，吃亏和受益是一种互为存在、互为结果的东西。一个人不能事事只想着受益，有些事情当时即使真的受益了，最终导致的结果仍有可能是吃亏；我们更不能时时怕吃亏，有些事情当时可能是吃亏了，但事后仍有可能出现一个受益的结果。无论哪一个人，无论哪一件事，没有永远的受益，也没有永远的吃亏。

4.责骂是上进的鞭子

《无量寿经》中说："先人不善，不识道德，无有语者，殊无怪也。"

星云大师认为：当我们看到许多人为非作歹的时候，就会觉得难以忍受，不明白为什么这些人会有这样的行为。而佛对此的理解是：他们的父母、长辈不懂得仁义道德，也没有好好教导他们，所以他们才会做出一些错误的事情。我们看到了，听到了，不能责怪他们，而应当原谅他们。如果他们不愿意听我们的教导，仍然犯过失，那也不要把过失推给别人，而应回过头来好好反省，是不是自己教导得不够好，不够圆满？

无论是在工作中还是在生活中，如果有人责骂我们，我们一定会觉得不舒服，甚至会怨恨对方。其实，很多时候，别人会责骂我们，是因为他们对我们寄予了希望。

俗话说：不挨骂，长不大。如果没有一番内心的刺激，我们往往会变得懈怠，容易随波逐流。只有在经受了心灵上的打击之后，我们才会奋起直追，超越原来的自己。

福富做服务生的时候，经常被老板毛利先生责骂。开始的时候，他心里很不舒服，常常会暗地里抱怨，可时间长了，他发现自己每次挨了责骂后都会得到一些启示，学会一些事情，所以福富当时总是"主动地"寻找挨骂。只要遇见了毛利先生，福富绝不会像其他怕麻烦的服务生一样逃之夭夭，他会把握时机，立刻趋身向前，向毛利先生打招呼，并以谦恭的态度说："早安！请问我有什么地方需要改进？"这时，毛利先生便会给他指出许多需要注意的地方，福富在聆听训话之后，必定马上遵照他的指示改正缺点。

福富之所以殷勤主动到毛利先生面前请教，是因为他深知年轻资浅的服务生很难有机会和老板交谈，只有如此把握机会，别无他法。而且向老板请教，通常正是老板在视察自己工作的时候，这就是向老板推销自己的最佳时机。所以，毛利先生对福富的印象很深刻，对福富有所指示时，也总是亲切地直呼他的名字，告诉福富什么地方需要注意。

福富每天主动又虚心地向毛利先生请教，这样持续了两年。有一天，毛利先生对福富说："经过我长期观察，发现你工作相当勤勉，值得鼓励，所以从明天开始，我请你担任经理。"就这样，19岁的服务生一下子便晋升为经理，在待遇方面也提高了很多。被人指责训诲，就是在接受另一种形式的教育。对于毛利先生的教导，福富至今仍感激不已。

在被指责或训诲时，尤其是被自己的上级或者比自己尊贵的人指责或训诲时，非但要认真地听，听完之后，还要面带笑容，以愉悦的口吻回应："是的，我已经知道了，您说得很中肯，我一定严格要求自己。"

遇到这种情况，如果你表现得非常紧张不安，会让对方认为你心存反抗之心，而感到不舒服。换言之，静静地接受指责或聆听训诲，并保持不失礼的态度来和对方亲近，就是在尊崇对方，这是留给对方良好印象的窍门。

不要因为在众人面前被责骂而觉得丢脸，更不能因此而产生怨恨的情绪。这时，你要换个角度来向，认为他在培养自己、教育自己、帮助自己。你要认为，在众人之中，只有自己才值得被责骂，是最有前途的人，更可以认为"他对我充满期待"并以此感到骄傲。最没有前途的人，就是被忽视的人。

5.顺境不沉迷，逆境能承受

星云大师认为，人生本就有苦有甜，有顺境也有逆境，不必痴迷于现下的财、名、情、物，用平常心对待喜爱的事物，得之我幸，失之我命，不失为一种快乐。

释迦牟尼成佛之后，他的兄弟们也一个个都跟他出了家，只有难陀还留在家中，他们的父王就打算把王位交给难陀，但他总是担心迦牟尼佛会将难陀也带去出家。难陀的妻子也同样非常担心，因此，她对难陀管得非常严。难陀每次出门之前，妻子都会先在难陀的额上点上口红，并且规定让他在口红没有干以前回来，否则就要受到处罚。

难陀的妻子长得非常漂亮，难陀也非常喜欢她，因此很听她的话。后来因为因缘成熟了，释迦牟尼佛就托钵来到王宫化缘，难陀要出去，他的妻子对此非常紧张，唯恐自己的丈夫一去不回，因此不愿意让他出去。两人争执了了许久，最后妻子终于妥协，仍旧用口红在难陀额上一点，让他把饭送出去后马上回来。

结果，难陀还是跟着释迦牟尼佛出家了。但他出家后还是惦念家中的妻子，无心修道，整日六神不安。

有一天，释迦牟尼佛问难陀去过天堂没有？难陀当然没有去过，佛就让难陀抓住他的衣角，升到欲界天。

难陀看到天上美女成林，这些仙女个个都比自己的妻子漂亮许多，他高兴极了，就在众多美艳动人的仙女美色中穿来走去。过了一会儿，难陀觉得奇怪，怎么这里没有一个男人呢？

仙女回答他说："这里的男性只有一位，他就是我们的老板，现在正在人间修行。他名叫难陀，生在印度，是佛的弟弟，我们都在这里等他修行果报成功以后上升做天主。"

难陀听后赶紧回头找哥哥，要求他立刻带自己下去修行。回去以后，难陀想着天上的仙女，拼命用功修行，念佛也不怕心乱了，盘腿也不怕腿痛了。

过了几天，佛又带难陀去地狱里参观。难陀看到有两个恶鬼手拿叉子，在火烧得猛烈的大油锅旁等着，难陀又害怕又好奇地上前去询问他们在等着什么。恶鬼说："我们在等一个犯了淫恶之罪的人，此人现在正在跟着佛修行，然而，他是因为贪图情爱之欲才修行的，修行的动机不纯，等他享完天福以后，便要到地狱来受此刑罚了。"难陀一听，吓了一跳，从此开始心无杂念地修行。

佛说：离苦得乐，苦与乐乃是生命的盛宴。当痛苦袭来的时候，我们无需凄惨，当欣喜来临的时候，我们也无需狂喜。痛苦与快乐一生相伴，只有以一颗平常心去看待，学会恒久忍耐，才能不被外界牵着鼻子走。

奥古斯·狄尼斯曾说过："在任何情况下，遭受的痛苦越深，随之而来的喜悦也就越大。"只有经过痛苦的洗礼，才能让我们更深刻地体会到快乐的滋味，就如同苦尽甘来，甜蜜的味道才能真正流淌到人的心里。

你不希望自己被打倒，就不要做一个逆来顺受的人，而应做一个主动承受的人。

你觉得自己不幸，还有比你更不幸的人。当你自我哀怜的时候，别人正在用乐观的态度接受命运的洗礼，以一种积极向上的姿态，为改变自己轨迹而努力。别小看那些看似微不足道的努力，正是这种态度，会让你们的距离越来越大。

一个年老体衰的乞丐，拦住了一个刚从豪华酒店走出来的富翁，他用卑微的语气对富翁述说着自己的不幸。这是一个不折不扣的乞讨者，富翁给了乞丐100美金，试图打发乞丐离开。

乞丐觉得自己很幸运，连连感激富翁的慷慨。他对富翁讲述命运对他开了多大的玩笑，他曾是附近化工厂的一名技术工人，但一场大火毁了他的生活，让他失去了视力，变成了一个卑微可怜的乞丐。

富翁一反常态地停下匆忙的脚步，饶有兴致地听乞丐讲述他的故事。乞丐见富翁对自己的故事很感兴趣，越发卖力地讨好富翁。他告诉富翁，在大火中，有一个身高体壮的年轻人和他一起逃生，但他不小心跌了一跤，身后的年轻人没有救他，自顾自地逃了出去，而他被困在大火中，醒来后就失去了双眼。

富翁听到这，激动地打断了乞丐："你说谎，你才是那个逃出去的人，你不但没有帮助那个跌倒的年轻人，反而嘲笑地对他说：'瞧，这就是命运。'"

富翁顿了一顿，说："我就是那个跌倒的年轻人，我一直记得你说的话。"

乞丐没想到居然能遇到故人，羞愧得无地自容，但继而哈哈大笑："这就是命运啊，我逃了出来，但仍然瞎了眼，没逃出来的人，反而毫发无损，变成了富翁。"

富翁这时候恢复了平静："上帝是公平的，我也是个瞎子。"

说完，富翁坐上自己的豪华轿车，扬长而去。

生命中的每段经历都蕴藏着一个自我提升的机会，如果你以为这一切都是对你的惩罚，逆来顺受，那你将体会不到折磨中的快乐，感受不到幸运之神的召唤。改变你对生活的态度，相信自己。就像人们常说的那样：心有多大，舞台就有多大。

佛说：在顺境中修行，永远不能成佛。你要永远感谢给你逆境的众生，因为，只有在逆境中，我们才能得到磨练，提高自己的素养。逆境是成长必经的过程，能勇于接受逆境的人，生命定会日渐茁壮。

6.一沙一世界，一尘一劫

　　星云大师认为：这个世界上充满缺憾，甚多苦难，而人与一切众生，不但能忍受其缺憾与许多苦难，而且仍有很多的人们孜孜向善，所以值得赞叹，如果世界上没有缺憾与苦难，自然分不出善恶，根本也无善恶可言，那应该是自然的完全为善，那就无可厚非、无所称赞了。

　　在古印度的时候，常常发生水灾或干旱，因此，老百姓们常常过着忍饥挨饿的日子。有一位婆罗门对此十分不忍，于是，他每天清晨都到庙里去祈求梵天免除这些灾难，让人们过上富足安稳的日子。

　　他的虔诚终于感动了梵天，梵天来到婆罗门面前，婆罗门激动地叩拜在梵天的脚下说："尊敬的梵天啊，您创造了这个世界，却常常让人间的土地干旱或洪水成灾，导致农民失去收成，现在大家都过着饥饿的日子，您怎么忍心呢？还是让我来教您点东西吧。"

　　听完婆罗门的话，梵天并没有因为他的不敬而生气，他平静地说："那就请你教我吧。"

　　婆罗门说："请您给我一年的时间，在这期间，您就按照我所说的去做，你就会看到，世界上再也不会有贫穷和饥饿的事情发生了。"

　　梵天答应了婆罗门提出的条件。在这一年里，梵天按照婆罗门的指示，没有电闪雷鸣，没有狂风暴雨，任何可能会对庄稼不利的自然灾害都没有发生过。在风调雨顺的环境下，小麦的长势特别喜人。

一年的时间转眼就过去了，看到麦子长得那么好，婆罗门又向梵天祷告说："梵天您瞧，如果一直按照这样的方法，十年后，人们就算不干活也不会饿死了。"梵天只是在空中对着婆罗门微笑着，并没有回话。

终于到了收割的时候，当大家兴高采烈地割下麦子时，却发现麦穗里边空荡荡的，什么都没有。婆罗门非常惊慌，他又跑到神庙里去向大梵天祷告说："梵天呀，请您告诉我，这究竟是怎么一回事啊？"

"那是因为小麦没有受到任何打击的缘故。这一年里，它们过得太舒服了，没受到过烈日煎熬，也没经过风吹雨打，你帮它们避免了一切可能伤害它们的事情，这的确是让它们长得又高又好。但是，我的孩子，你也看见了，麦穗里什么都结不出来……"梵天微笑着回答说。

万事顺意是不利于成长的，过太舒服的生活会消磨你的意志，让人的修养和学识停滞不前。只有忍受苦难，经受必要的锤炼，才能让一个人走向成熟，拥有大智慧。

孟尝君曾被齐王驱逐出境，后来孟尝君重新得了势，在他返回齐国的路上，在边境遇到了一个叫谭拾子的齐国人。

谭拾子问他："你恨不恨那些在你得势时百般逢迎，而在你失势时却四散离去的人？"

孟尝君心想：是啊，那些人真是令人讨厌。于是点了点头。

谭拾子说："这个世上的人本来就是这样，看见谁贫贱就远远避开他，看见谁富贵就向他靠拢。就像市集一样，早晨的时候总是熙熙攘攘，到处都挤满了人，到了晚上就空空荡荡，一个人也没有。这不是人们爱早恨晚，而是根据需要来的，因此，希望你不要恨那些人！"

孟尝君想了想觉得很有道理，便取出之前刻着那些自己痛恨的人的名字的木简，用刀把它削掉了。孟尝君宽容了那些趋利避害的势利之徒，也为自己树立了声望，巩固了地位。

"一沙一世界，一尘一劫"。也许一个人的一生就是一个禅，也是无止境的劫难。可是没有人可以告诉我们，我们在真正成熟之前会经历多少创伤，我们唯一可以做的就是坦然面对这些创伤，因为每经历一种创伤，我们就会离成熟更近一步。

7.每一次苦难，都是一种收获

星云大师告诫说："我们应该感谢苦难的光临，珍惜苦难，才能带给我们真正的收获。汶川大地震曾让整个汶川城变成了一片废墟，离开的人让我们知道生命是如此脆弱，而活着的人也让我们看到生命还可以如此坚强。胆怯害怕是没有任何意义的情绪，我们只有坚持，坚定地坚持下去，才能重建美好的家园。"

是苦难，将心与心的距离拉进，让我们体会到了人间真情，让我们读懂了生命的可贵。

面对苦难，我们应该感激它，感激它赐予我们机会，让我们能够更深刻地领悟人生，发现自己的价值，认清自己的缺点，指正自己的方向。要知道，在这个世界上，每一个人都在经历着只属于自己的苦难，每一个人都恪守着自身独特的苦难历程，用自己的方式活着，守护着属于自己的命运。

世界上没有一条路是重复的，也没有一个人生是可以替代的。在追求梦想的道路上，任何一次苦难都是唯一的，它不会给你致命的打击，只会给你无穷的动力，只要你善于在苦难中找寻收获，在苦难中找到属于你的方向，而千万别让苦难战胜你！

在一次在聚会上，艾顿向他的朋友回忆起他的过去，这其中有后来成为英国首相的丘吉尔。

艾顿说他出生在一个偏远小镇，父母早逝，是姐姐帮他洗衣服、干家务，辛苦挣钱将他抚育成人。可是当姐姐出嫁后，姐夫便将他撵到了舅舅家。舅妈很刻薄，在他读书时，规定每天只能吃一顿饭，还得收拾马厩和剪草坪。刚工作当学徒时，他根本租不起房子，有将近一年多时间是躲在郊外一处废旧的仓库里睡觉……

丘吉尔惊讶地问："以前怎么没听你说过这些呢？"

艾顿笑道："有什么好说的呢？正在受苦或正在摆脱苦难的人，是没有权利诉苦的。"

丘吉尔心头一颤，这位曾经在生活中失意，痛苦了很久的汽车商又说："苦难变成财富是有条件的，这个条件就是，你战胜了苦难并远离苦难，不再受苦。只有在这时，苦难才是你值得骄傲的一笔人生财富。"

艾顿的一席话，使丘吉尔重新修订了他"热爱苦难"的信条。他在自传中这样写道："苦难是财富，还是屈辱？当你战胜了苦难时，它就是你的财富；可当苦难战胜了你时，它就是你的屈辱。"

任何人的一生都不可能是一帆风顺的，只有经得起苦难考验的人生才是有价值、有意义的人生。在经受苦难的过程中，如果你还没摆脱苦难的纠缠，请别说你正在享受苦难，这在别人看来，无异是在请求廉价的怜悯甚至乞讨；也别说正在苦难中锻炼坚韧的品质，别人只会觉得你是在玩精神胜利、自我麻醉！

每一份苦难，都可以是一种收获。善待苦难，正视苦难，只有你拥有了承受苦难的意志，你才有可能真正地战胜苦难，享受苦难给你带来的收获。

海顿出生于奥地利南方边境风景秀丽的罗劳村，海顿的音乐天赋在他童年时就已显露出来，加之天生的一副好嗓子，8岁时，他就被选进了多瑙河畔著名的海茵堡教堂和维也纳的圣斯蒂芬教堂唱诗班。在这里，他如鱼得水一般地刻苦学习声乐、钢琴与音乐理论，从不放过每一次观摩学习的机会。

可是从16岁开始，他甜美的歌喉开始逐渐变得沙哑。有一次，奥地利女皇在欣赏圣斯蒂芬教堂唱诗班合唱时，突然听到合唱队里传出不协调的声音，女皇当场讽刺他："你的声音听起来好像树梢上的乌鸦叫！"就因为女皇的这句话，海顿被唱诗班解雇，流落街头。

流落街头的海顿先后给贵族当过仆人，看过大门，当过邮差，擦过皮鞋……但穷困的生活并未使海顿对音乐失去信心，他格外珍惜这段难忘的经历，并忘我地投入到各种街头演奏、家庭重奏音乐会中，更加频繁地接触维也纳的音乐，孜孜不倦地埋头创作。

海顿的身材十分矮小，走在大街上，常常使那些音乐迷们怀疑：

"这是否真是音乐大师海顿？"

音乐是没有国界、没有阶层的，海顿其貌不扬的外表下有着一颗十分善良、纯朴的心。

一次，有位屠夫为庆贺女儿的婚礼，恳请海顿说："尊敬的大师，我最亲爱的女儿即将举行婚礼，能否请大师为婚礼写上一首美丽的舞曲？这将是我和女儿莫大的荣幸。"

海顿果然在相约之日把完成的谱子交给了屠夫。

几天之后，大师被窗外一阵熟悉的旋律所吸引，听了半天才恍然大悟："这不正是前几日作的那首小步舞曲吗？"

海顿的一生创作作品惊人，其中仅交响曲就多达104部。正是凭着那十几年的流浪生活，使他认识了人间的苦难，了解了平民的呼唤，参透了大自然最真实的声音。后人尊称他为"交响乐之父"。

如果没有女皇的讽刺，海顿的一生将改写；如果海顿在10年的流浪生活中放弃了对梦想的追求，在苦难面前低下了头，那么世界上又将少了一位音乐家。

很多时候，苦难并不可怕，可怕的是你不敢正视它，不敢揭开苦难的面纱。真理和谬论往往只有一线之隔，每个人都会碰到，只有你自己才能真正地化苦难为动力。就像，当你饿的时候，就算身边的人帮你吃再多，你也不可能饱！

有一颗不怕苦难的心，发现苦难的价值，并伸手去抓住它，你的梦想才会离你越来越近。

8.未经十灾八难，终难成人

星云大师在著作《宽心》里写道："欲成佛门龙象，先做众生马牛。"这说明，磨难是一个人成长的标志，只有经过历练的人才可以在纷杂的社会里站住脚。每个人一生之中都会遇到很多磨难，只有把磨难当作考验，才可以让自己越来越坚强，从而活出自己的精彩。痛苦能让一颗脆弱的心变得坚强，让一个弱不禁风的身体变得强壮。只有经历过痛苦和磨难的人生，才是真正的人生。

一个小和尚总觉得方丈对自己不公，因为方丈一连让他做了三年谁也不愿意做的行脚僧。

一天清晨，小和尚听着外面滴答滴答的雨声，心说：今天总算可以休息一下了。谁知方丈照常敲开他的房门，严厉地问他："你今天不外出化缘?"

小和尚不敢说是因为外面下雨，便和方丈打起了禅机。他故意走到床前一大堆破破烂烂的鞋子面前，左挑一双不好，右挑一双也不好。

方丈一看就明白了，说："你是不是觉得我对你太严厉了？别人一年都穿不破一双鞋，你却穿烂了这么多鞋子，而且今天还下着雨……"

小和尚点点头。

方丈说："那你今天就不用出去了，一会儿雨停了，随我到寺前的路上走走吧。"

没过多久，雨就停了。

寺前是一座黄土坡，由于刚下过雨，路面泥泞不堪。

方丈拍着小和尚的肩膀，说："你是愿意做一天和尚撞一天钟，还是想做一个能光大佛法的名僧？"

小和尚说："当然想做名僧。"

方丈捻须一笑，接着问："你昨天是否在这条路上走过？"

小和尚："当然。"

方丈："你能找到自己的脚印吗？"

小和尚不解："我每天走的路都是又干又硬，哪里能找到自己的脚印？"

方丈笑笑，说："今天你再在这条路上走一趟，看看能不能找到自己的脚印？"

小和尚说："当然能了。"

方丈又笑了，不再说话，只是看着小和尚。

小和尚愣了一下，随即明白了方丈的苦心。

泥泞的路上才有脚印，雨后的天空才有彩虹。痛苦是最好的老师，成长路上的每次磨难，不仅是对一个人最好的考验，也是一种潜在的馈赠。因为刀靠石磨，人靠事磨，唯有滚水才能唤起茶叶的香，唯有磨砺才能将璞石打磨成宝玉。"没有人能随随便便成功"，现实就是这么残酷，成功不会因为你已经付出许多而青睐你，它只会迎接那些在泥泞的道路上走出来的人。

现实给予了每个人享受快乐的机会，但同时也给予了你承受痛苦的能力，如果你不去承受痛苦，你就无法明白什么才是真正的生活。

善静和尚 27 岁时弃官出家，投奔至乐普山元安禅师门下，元安令他管理寺院的菜园。

有一天，一个僧人认为自己已经修业成功，可以下山云游了，就到元安那里辞行。

元安决心考他一考，便笑着对他说："四面都是山，你往何处去？"

僧人猜不透其中的禅理，无言以对，只好愁眉苦脸地往回走。路上经过寺院的菜园子，被正在锄草的善静发现，善静就问他："师兄为何苦恼？"

僧人把事情的来龙去脉告诉了善静。善静略一思忖，便想到元安禅师所说的"四面都是山"就是暗指"重重困难""层层障碍"，实际上是想考考这位师兄的信念和决心，可惜他参不透师父的心意。于是，善静笑着对僧人说："竹密岂妨流水过，山高怎阻野云飞。"暗示僧人只要有决心、有毅力，任何高山都无法阻挡。

僧人如获至宝，再次向元安辞行，并说："竹密岂妨流水过，山高怎阻野云飞。"他满以为师父这次肯定会夸奖他，准他下山。谁知元安听后先是一怔，继而眉头一皱，眼睛盯着僧人，肯定地说道："这不是你的答案。是谁帮助你的？"

僧人无奈，只好说是善静说的。

元安对那个僧人说："善静将来一定会有一番作为！多学着点儿吧，他都没有提出下山，你还要下山吗？"

世上没有不可逾越的障碍，关键在于自身有没有战胜困难的勇气和毅力。只要肯用心思考，办法总比问题多。"没有比脚更长的路，没有比人更高的山"，明白了这一点，再大的困难在你面前都算不上困难；做到了这一点，困难也会为你感动，天地万物都会助你一臂之力。

第六章

六修：
待人要厚道，布施勿求报

　　你可以没有学问，但不能不会做人。人难做，做人难。在现今的社会，人要有表情、音声、笑容，才会有人情味。懂得感恩者，才会富贵。一点头、一微笑、主动助人，都是无限恩典。

——星云大师

1.先利人才能后利己

乔治·艾略特说："如果我们想要更多的玫瑰花，就必须种植更多的玫瑰树。"或许，生活本来就没有不平凡的含义，而在于你如何看待它，如何对待它。理智而达观的人对别人不会期许太多，因为他明白：你如何对待别人，别人也会如何对待你。要走进别人的心灵，自己首先要敞开胸怀。

星云大师提到：中国有句谚语说"和和气气生财旺"，的确，只有那些真正懂得友善的人，才能获得更高的办事效率，才能在更多方面获得成功。

两个钓鱼高手一起到池边垂钓。这二人各凭本事，一展身手，没过多久，两人各有收获。

忽然间，池塘附近来了十多名游客，他们看到这两位高手轻轻松松就把鱼钓上来了，十分羡慕，于是都到附近买了一些钓竿来钓鱼。但这些不擅此道的游客怎么钓都没有收获。

那两位钓鱼高手的个性差异很大。其中一人孤僻，不爱搭理别人，单享独钓之乐；而另一位却是个热心、豪放、爱交朋友的人，他看到游客钓不到鱼，就说："这样吧！我来教你们钓鱼，如果你们学会了我传授的诀窍，钓到了一大堆鱼，那就每10尾分给我一尾，不满10尾则不必给我。"双方一拍即合。教完这一群人，他又到另一群人中，同样也传授钓鱼的技巧，依然要求每钓10尾回馈给他一尾。

一天下来，这位热心助人的钓鱼高手把所有时间都用在了指导垂钓者身上。虽然他自己没钓成鱼，可他却获得了满满一大筐鱼，还认识了一大群新朋友，被他们左一声"老师"右一声"老师"地叫着，备受尊崇。

而同来的另一位钓鱼高手却没有享受到这种助人的乐趣。当大家围绕着他的同伴学钓鱼时，他就更加孤单落寞了。闷钓了一整天，他检视竹篓里的鱼，收获远没有同伴多。

在生活中，我们都希望得到别人的支持和理解，更希望得到别人的关心。其实，帮助别人就等于帮助自己。我们生活在一个大集体中，没有人能孤立地存在，有时也需要别人的帮助。这时，站出来帮助我们的往往就是那些我们曾经帮助过的人。

因此，不要吝啬，不要小气，多帮帮别人，一声问候，一个鼓励的眼神，一句赞美的话，都会给他人带来快乐，也会给你带来意想不到的收获。

"知恩图报""感恩戴德""结草衔环"……这些传统词汇及表达出来的道德心理，无不规劝着我们要学会"帮助别人"的做人做事方法。只有掌握了这种方法，我们才能成为把握事情进退的掌控者。

当然，帮助不能一次给尽。《菜根谭》中有言："待人而留有余地，不尽之恩礼，则可以维系无厌之人心；御事而留有余地，不尽之才智，则可以提防不测之事变。"这是说，与人恩惠，应渐渐施出，要留有余地，人心贪婪，最不知足，余下的恩礼可以维系和保持与这些人的关系；做事情要留有余地，用一部分心力作善后考虑，这样可以提防意外变故。所以，给他人帮助时，要做得自然，不要太过直露，更不能表现得太过功利，要掌握好分寸，在不知不觉中让对方感觉到你的好处，成为你的知己，进而愿意为你提供他能提供的一切帮助。

为了在北京发展，李华毕业后就立刻来到北京工作，并在公司附近租了一套两室一厅的楼房。北京的房价很高，她一个人承担租房费用压力太大，便想找个人合租。她在网上发布了租房信息，来看房子的人很多，但真正合适的却没几个。

一天又来了两个女孩看房子，李华感觉都是女孩子，所以非常想把房子租给对方。于是，李华友善地向对方介绍房子，在对方坐下来了解房费的情况时，李华友好地给对方倒水。在交谈中，李华了解到对方有一个是自己的老乡，于是，她表现得更加友善、热情，还拿出水果来招待对方。这让对方感觉很不好意思，并对李华说："让我们考虑 20 分钟吧！"李华笑着说"好的"，便走进了卧室。最后，李华成功将房子租给了对方。

第二天对方住进来的时候，对李华说："姐，说实话，刚来看房子的时候，我们对房子不是特别满意，觉得房租也不低。但是看你人很好，对我们也非常友善，所以我们最后还是决定租下来。"

是什么原因让一个素不相识的陌生人愿意与李华合租房子，并且忽略了金钱上的利益？是房子本身够好，还是租金便宜？从上面的案例看，二者都不是，而是李华的友善助其赢得了租房者的好感与信任。

有句名言说："一滴蜂蜜比一加仑胆汁能捕捉到更多的苍蝇。"人际关系也是如此。如果你想让对方按照你的意思办事，你就要友善地对待对方，并使对方相信你是友善的。对方在接受了你的友善后，心里会对你产生亏欠感，从而接受你的请求或者观点，进而走在你为他铺设的道路上。

《诗经·大雅·抑》中曾说："投我以桃，报之以李。"友善会孕育同样的友善，当你向对方施以友善的行为后，能加重对方内心的亏欠感，这会让对方更易接受你所提出的观点和请求，进而推动事情向你想要的结果发展。

2.好人缘者行天下

生活在 21 世纪，不管你是谁，都不能逃脱关系的影响力。关系的重要性，怎样强调都不过分。假如我们把人际关系比作大脑的神经网络，那么其中的每个人就是一个神经元：突起的越多，与周边的联系就越多，也就比别人更加灵敏，从而更加容易走向成功。

星云大师在《谈处世》里这样说："你可以没有学问，但不能不会做人。人难做，做人难。在现今的社会，人要有表情、音声、笑容，才会有人情味。懂得感恩者，才会富贵。一点头、一微笑、主动助人，都是无限恩典。"我们面带笑容，看在对方眼中，那抹微笑是发光的；我们口出赞叹，听在对方心底，那句赞美是发光的；我们伸手扶持，受在对方身上，那温暖的一握是发光的；我们静心倾听，在对方的感觉里，那对耳朵是发光的。因为发心，凡夫众生也可以有一个发光的人生。

好的领导者习惯于架构人缘，他们知道人缘是个人成长、企业成事的重要条件与资源。人缘构架起人与人、群体与群体、企业与客户、企业与企业之间的互动。为了企业的发展，任何一个领导者都少不了"关系管理"。西方国家的企业管理者常常邀请其他企业的管理者加入自己的董事会，这样做不仅仅能够拓宽眼界，也能得到意想不到的助力。

在10分的工作里面，有9分是做人，1分是做事。认为在专业领域不需要关系的观点是错误的。就拿唱片业为例，最专业的要数制作人和词曲创作。除非你很知名，否则不可能会有人自动求上门，不善交际的你，难道真的奢望"酒香不怕巷子深"吗？越是专业的人往往越内向，所以他们需要找专门人士帮忙推销自己，比如说经纪人，否则，即使关门在家写了100首好歌，也不会有人听到。

小张在一家报社广告部工作，时常会接触到海尔、春兰、百事这样的大客户。他给他们搞创意或争取版面时很卖力，这些客户很满意，因而彼此间关系十分融洽。后来，小张出来单干时自然想到了这些过去的伙伴。春兰空调恰好在该市还没有专卖店，他就跟销售部的负责人谈起了此事。因为以前的交情，对方很给他面子，在众多竞争对手条件都差不多的情况下把独家销售权给了他。

曾经担任美国总统的罗斯福说："成功的第一要素是懂得如何搞好人际关系。"事实的确如此。在美国，曾有人向2000多位雇主做过这样一个问卷调查："请查阅贵公司最近解雇的3名员工的资料，然后回答：解雇的理由是什么？"结果，无论是什么地区、何种行业的雇主，2/3 的答复都是：因为他们和同事搞不好关系。

很多成功的商人都深深地意识到了关系资源对其事业成功的重要性。曾任美国某大铁路公司总裁的 A.H.史密斯说："铁路的 95% 是人，5% 是铁。"美国成功学大师卡耐基经过长期研究得出结论："专业知识在一个人成功中的作用只占 30%，而其余的 70% 取决于人际关系。"

所以说，无论你从事何种职业，处理好了人缘，就等于在成功的路上走了 70% 的路程，在个人幸福的路上走了 99% 的路程。也难怪美国石油大王约翰·D·洛克菲勒会说："我愿意付出比得到任何其他本领更大的代价来获取与人相处的本领。"

因此，要成功，就一定要营造一个利于成功的人际关系，其中包括家庭关系和工作关系，同样，与同事、上司及雇员的关系也是会影响到我们事业成败的重要原因。一个没有良好人际关系的人，即使他再有知识，再有技能，也很难得到施展的空间。

3.助人助心，自立者方能自强

我们有时看来一些理所当然的善举，却会伤及一些忌讳"同情"的人的心。是的，在贫富成敏感话题的今天，你要小心一些"同情"意味的举动。我们生活里，经常会不知不觉地伤害到别人的自尊，比如有权的，一叉腰，不小心就侵犯了下属卑微的心；有钱的，缓缓摇下车窗，就伤害了正迎面骑自行车的那个穷邻居……自尊有时就像是一个玻璃器皿，很脆弱，需要小心维护。所以，我们在做事、说话的时候，不能只顾及自己快乐或者奢侈的感受，还要想想，会不会无意间碰伤别人的自尊。

星云大师认为，所谓"智慧地助人"，就是不带给被助者卑微感受的帮助。

有一次，一位商人把一枚硬币丢进了一个衣衫褴褛的卖铅笔人的杯子里，便匆忙踏进了地铁站。过后，他想了一下，觉得这样做不妥，于是又跑了出来，走到卖铅笔人那里，从杯中取走了几支铅笔。他抱歉地解释说，他在匆忙中忘记了带走铅笔，希望不要介意。他说："毕竟，你跟我一样都是商人。你有东西要卖，而且上面也有标价。"说完又冲进了地铁站。

几个月后，在一个隆重的社交场合，一位穿着整齐的推销员走到这个商人面前，并自我介绍说："你可能已经忘记我了，而我也不知道你的名字，但我永远忘不了你，你就是那个重新给我自尊的人。我一直是一个销售铅笔的乞丐，直到你跑来找我，并告诉我，我是一个商人。"说来有趣的是，后来正是这位昔日的乞丐，帮助这位商人把积压的商品推销了出去，还挣了不少钱。

助人的方式有很多种，古人说"授人以鱼，不如授人以渔"，可是当人们真正做善事的时候，又有几个人真的考虑过被助者的心理？

乔治只是英国一家手工作坊的小业主。很不幸，一场经济危机使他陷入了困境，产品卖不出去，资金周转不开，物价暴涨，他面临着破产的危机。友人纷纷劝他赶快裁员，以减轻经济负担。乔治思考良久，终于作出决定，准备采用友人的建议。

不知怎么，消息传到了老乔治的耳朵里。第二天清晨，老乔治来到办公室，勒令他收回成命。乔治不服，老乔治便当场解除了乔治的职务。中午，老乔治走进工人的餐厅，看见大家一脸憔悴，碗里是白水煮的青菜和几片豆腐，便立刻从街上的小餐馆花3英镑买回了两碗红烧肉，端进餐厅，哽咽着动情地说："兄弟们，你们受苦了。现在，我已解除了乔治的职务，并且从今以后，每天中午我和你们一起吃饭——当然，价值3英镑的红烧肉必不可少！"工人们欢呼起来。那时候，3英镑还是个不小的数目，每天3英镑，所带来的效益却是无法用具体的数据计算的。

工人们因为心存感激，拼命干活，努力降低成本，竟然使这个手工作坊慢慢渡过了难关，又一步步发展壮大，最终成为英国一家著名的电器公司，拥有的资产超过千万英镑。

从老乔治朴素的语言和行为里，我们可以看出一些经营之道：从小事做起，从最打动人心的角度入手。可以说，他创造了一个奇迹。假如让人性的丑恶循环下去而不加以扼制，那么所有美好的东西也将会成为丑恶的殉葬品。社会的飞速发展的确使我们的生活充满了竞争，但竞争的基本心态应该是严格要求自己，而不是打倒别人。

如果一个人在自己困难的时候还记得向别人施恩，这才是真正的施恩，才能获得别人发自内心的尊重与报答。

4.晴天留"人情"，雨天好"借伞"

星云大师认为，雪中送炭、分忧解难的行为最易引起对方的感激之情，进而形成友情。人与人之间的关系会随着平时联系的增加而逐渐加深，平常多主动与人沟通，多主动关心别人、帮助别人，能够加深彼此间的感情。因为人对雪中送炭之人总是怀有特殊的好感。

星云大师的一位朋友告诉他："我有一位朋友，我每次需要帮助的时候，他一定会出现。例如，我有急事要用车或上班快迟到时需要用车，只要打个电话，他一定到，可以说每求必应，事情一过去，我们又各忙各的。到过年过节的时候，我总是忘不了给他寄一张贺卡，发短信给他拜个年。"

关羽在华容道放走曹操，是众所周知的事情。关羽这个一直忠于蜀国、对刘备义气当前的果敢英雄，为何会在如此重要的战场上，放走日后有可能灭蜀、杀自己的曹操呢？提到此事，还要追溯到建安五年正月，曹操亲自征讨刘备，在其攻陷下邳、迫降关羽后，鉴于关羽智勇双全，试图劝其归降于自己。为了拉拢关羽，曹操拜其为偏将军，封汉寿亭侯，对关羽的照顾无微不至。后来，关羽斩杀颜良逃离了曹操，曹操手下的将士闻后，要去追赶，曹操劝阻说："彼各为其主，勿追也。"正因为曹操先前的"至仁至义"，所以一向视义气为生命的关羽才会在关键时刻放走曹操。

曹操和关羽之间的交情，现代人将其定上了"人情"这样的名词。从心理学上讲，曹操在其有权有势的时候施恩于关羽，因此当其在华容道落难后，曾对关羽说："素闻，关将军是有情有义之人，昔日我曾对你有恩，你怎可砍杀有恩之人？"关羽虽然犹豫不决，但最后还是念在"人情"的分上，放走了曹操。

对于身处困境的人，如果你能在能力允许的范围之内给予对方适时适当的帮助，将会产生雪中送炭的功效。于对方而言，你的举动也许会让其永生难忘。这样，当你有求于对方时，对方便会心甘情愿地帮助你，在你的雨天里，为你撑起一把伞。

人与人之间的"人情"就是这种微妙且有规律的东西。当有人觉得亏欠你"人情"时，常会想方设法地还给你。此时，如果你有求于对方，对方会很乐于接受你的请求。而人情的影响力也有一定的时机性，在他人危难之际，你一分关心比平日十分关心的影响力都大。例如，当有人在贫困潦倒时你给他一个面包，远比在他富裕时给他一根火腿更能积累人情。

三国争霸之前，周瑜并不得意。他曾在军阀袁术部下为官，被袁术任命做过一回小小的居巢长。

当时，地方上发生了饥荒，兵乱又使粮食问题变得日渐严峻起来。居巢的百姓没有粮食吃，就吃树皮、草根，很多人被活活饿死，军队也饿得失去了战斗力。周瑜作为地方的父母官，看到这悲惨情形急得心慌意乱，却不知如何是好。

这时，有人向他献计，说附近有个乐善好施的财主叫鲁肃，他家素来富裕，想必一定囤积了不少粮食，不如去向他借。于是，周瑜带上人马登门拜访鲁肃。寒暄完毕，周瑜就开门见山地说："不瞒老兄，小弟此次造访，是想借点粮食。"

鲁肃一看周瑜丰神俊朗，显而易见是个才子，日后必成大器，顿时生出了爱才之心。他根本不在乎周瑜现在只是个小小的居巢长，哈哈大笑说："此乃区区小事，我答应就是。"

鲁肃亲自带着周瑜去查看粮仓，这时鲁家存有两仓粮食，各三千斛，鲁肃痛快地说："也别提什么借不借的，我把其中一仓送与你好了。"周瑜及其手下一听他如此慷慨大方，都愣住了。要知道，在如此饥荒之年，粮食就是生命啊！周瑜被鲁肃的言行深深感动，两人当下就结成了朋友。

后来，周瑜受到孙权的重用，当上了将军。他牢记鲁肃的恩德，将他推荐给了孙权，鲁肃因此得到了干一番事业的机会。

若你平时在与人相处时能更主动地付出自己的理解和关心，那么当你有困难或者有求于对方时，对方常会因为感念你平日的付出而对你有所回报。而对于久不见面、久不沟通、久不相互关心和帮助的人而言，彼此间的关系会因为缺少沟通而日渐疏远。若你在遭遇困难或者需要帮助时才想到求助他人，即使对方有心想帮你，但一想到你平日的疏远和冷漠，想要帮助你的想法也会因此而淡薄，甚至会产生反感情绪，进而不愿意接受你的意见或者恳求。

5.富贵从布施中来

佛家有言："富贵从布施中来"。是的，布施能够让人感到快乐，感到祥和与安宁。

星云大师在谈到布施时，说了这么一个故事：

有一位善生长者，一个偶然的机会，他得到了世界上最稀有、最宝贵的旃檀香木做的金色盒子。但善生长者并没有把这个价值连城的宝贝私藏起来，而是到处宣扬说："我要把这宝贵的东西赠送给世间最贫穷的人。"

于是，很多贫穷的人蜂拥而至，有乞丐、残疾、孤寡等各种受苦的人，他们纷纷向善生长者讲述自己的不幸和生活的艰辛，想要证明自己就是世间最贫穷的人，以便得到这个值钱的宝贝。但善生长者对每一个前来讨宝盒的人说："你还不是世界上最贫穷的人！"

很快，全国各地的穷人都来到了善生长者的住地，但善生长者一点儿也没有交出宝盒的意思。于是大家纷纷议论起来："他根本没有诚心把这个金色盒子送给别人。"

善生长者听到大家的议论后出来说道："我告诉你们，世界上最贫穷的人不是别人，他就是我们的国王波斯匿王，他才是世界上最贫穷的人。"

这个消息很快就传到了波斯匿王的耳里，波斯匿王非常不高兴：

"哼！我是一国之君，怎么可以说我是世界上最贫穷的人呢？去，把善生长者给我抓过来！"

波斯匿王把善生长者带到收藏珍宝的库房里，问善生长者："你知道这是什么地方吗？"

善生长者说："这是收藏黄金的金库。"

"那个是什么地方呢？"

"那是收藏银子的银库。"

"那是什么地方呢？"

"那是珍藏珠宝的宝库。"

波斯匿王大声责问道："你既然知道我有这么多财宝，怎么可以在外面散布谣言，说我是世界上最贫穷的人呢？"

善生长者笑道："陛下，您确实有很多财宝，但您是管理国家的国王，不是管理库房的管家，何必炫耀这些财宝呢？国家的强盛是您的家业，人民的贫富是您的衣裳，百姓的毁誉是您的脸面。您的库房堆满金银，百姓却生活在水深火热之中。您的国家有这么多乞丐、残疾、孤寡等各种受苦的人，是他们让我以为他们的国王也是一个衣衫褴褛、满脸污秽的人。"

波斯匿王满脸惭愧地说："你说得没错！"说完当即下令，把仓库里的财宝拿出去救济那些穷苦的人。

从那以后，波斯匿王不论走到哪里都受到人民的尊敬和爱戴。

很多著名的大企业家都非常善于用余财热心资助慈善、公益事业，但上帝并没有因为他们的乐善好施而使他们变得贫穷，反之，任何时候，他们所拥有的都比普通人多，在事业上也得到了更大更高的回报。

在中国古代，范蠡便是一位乐善好施者。两千多年来，人们一直奉范蠡为商业鼻祖，其中的原因除了他宝贵的经济思想之外，更重要的原因是范蠡能"富好行其德"。范蠡一生三次迁徙，每到一地，他都凭智慧赚钱，曾三掷千金。他赚钱的"秘诀"就是散财，他赚到的钱财皆用来资助亲友乡邻，真可谓是"千金散尽还复来"。

曾有人说："放在自家钱柜里的金钱的闪光，只能吸引它的拥有者毫无价值的注意力，正如萤火虫的辉光只能把自己暴露给它的捕捉者。"是的，再珍贵的东西，如果得不到使用和发挥，就如同一堆破铜烂铁，等着发霉生锈。钱财乃身外之物，死守着能有什么意义呢？当死神来临的时候，你不可能带走一分一毫，有再多的家产也买不回一秒钟的生命。钢铁大王安德鲁·卡耐基也说过："如果一个人到死的时候还有很多钱，那么他实在死得很可耻。"

可见，布施是另一种投资方式，比直接把钱放入银行要高明得多。舍出一部分钱财，能够获得更多比钱财更加珍贵的东西。因为乐善好施使得受施者摆脱了困境，使自己获得了快乐。

6.布施贵在心无私

佛经中这样讲述布施的好处："以悲心布施，能远离杀害逼迫；以喜心布施，能远离忧愁苦恼，无所畏惧；以舍心布施，心无挂碍；

以清净心布施，得无上智慧。"

一个穷人跑到释迦牟尼佛面前哭诉："我无论做什么事都不能成功，这是为什么？"

佛告诉他："这是因为你没有学会布施。"

这个人说："我是个穷光蛋，拿什么布施呀？"

佛说："一个人即使没有钱也可以给予别人七样东西：一是颜施，你可以用微笑与别人相处；二是言施，要对别人多说温柔、安慰、谦让、称赞和鼓励的话；三是心施，敞开心扉，诚恳待人；四是眼施，以善意的眼光去看别人；五是身施，以行动去帮助别人；六是座施，乘船坐车时将自己的座位让给别人；七是房施，把自己空闲的房子提供给别人休息。无论是谁，只要有了这七种习惯，好运就会如影随形。"

星云大师说：只要你愿意，你现在就有无限的财富可以做布施。从家庭到社会，一句安慰的话，一句关心的话，一句理解的话，一句包容的话；一颗感恩的心，一颗慈悲的心，一颗随喜的心；扶走路困难的老人一把，拉摔跤的人一把，帮无法自力的人一把……一个动作，一个眼神，一种态度，一些热情……这些有时比钱更重要，比物质更需要。平时节省下你老在浪费的那一点点也足够救助很多上不起学的孤儿。如果是贫困山区，有时候是一种政策、一些科学技术更能解决问题，而这些都必须建立在无私的布施心上，这是精神就是指导思想，所以谁都有无限的财富可以布施。

王烨自己开办了一家公司，因为公司正处于起步阶段，工资待遇无法和大公司相比，所以，想要招聘有才华并且有经验的会计员工很难。经过大家的讨论，公司决定启用新人，这样，一是可以减少工资开销，二是等公司发展壮大后，能够拥有中流砥柱。

他们聘请了一位不错的新人，为了让他在公司的未来发展中能够起到重要作用，身为经理的王烨非常珍惜人才，不仅在工作上帮助他提高，在生活中也会主动帮助他。为了报答公司对他的栽培，他很卖力地工作，可是在公司步入正轨后，却赶上了经济危机。面对经济危机，这种刚起步的小公司毫无招架之力，公司的财政受到了严重威胁，公司中部分人出现了辞职的举动。令王烨没有想到的是，这名普通的会计不仅没有辞职的打算，还一直安抚着公司的其他员工，甚至自己主动提出降低工资。

正是经理平时的关心照顾，才让新手会计在面对经济危机的冲击时，能够不顾私利、全心全意地帮助公司渡过难关。

有一座寺庙位于半山腰，这家寺庙的香客很多，来来往往很是热闹。香客来寺庙拜佛许愿的同时，都会留下一些钱财作为"香油钱"供奉佛祖。

这天，来了一个乞丐，他参拜完佛祖之后，向着盛放"香油钱"的匣子走过去，他没有放钱，只是往里面放了一束野花。旁边的小和尚看见了刚要阻止，身旁的另一个和尚悄悄地拉了拉他的衣袖，低声对他说："这鲜花，也是香油钱。"

小和尚对这话并不是很明白，但是也没有多说什么。到了晚上快要睡觉的时候，他又想起了白天的事，于是就拿着那束鲜花来到师父的房间。师父看着鲜花，没有问小和尚任何话，只是面露欣赏的微笑。

小和尚刚想要开口问师父，但看着师父的笑容，突然了悟了：

供佛不一定非要用金钱，一束野花能让人心生愉快，不也是一份虔诚的佛心吗？

佛讲，有三种人虽然不一定布施自己的财物，但只要有"净心"，同样也会有施福：第一种，你受委托人之派遣，拿着他的财物去布施。你的发心、动机，出于和那个施主同样的"净心"，你也同样有布施的功德。第二种，自己虽无能力布施，看到别人肯布施，由衷地感到高兴，或也尽己所能，助上一份，这也同样有施福。不是像社会上有些人，看到人家做好事，心存嫉妒，甚至鸡蛋里挑骨头，散布流言蜚语。第三种就是劝人多做布施，同自己拿出东西做布施一样，都可以得到布施的福报。

帮助别人并不是要你一定要做些"惊天地，泣鬼神"的大事，做一些力所能及的事也能帮到别人，而且不会给我们带来任何负担。只要我们人人都多一点爱心，多一点善心，这个世界会变得更加美好。

7.合理地取悦他人，也是一种布施

星云大师说："一提起取悦二字，人们总会首先想到阿谀奉承、溜须拍马之流。但是，这只是对取悦的狭义理解，广义的取悦，是人与人之间相互愉悦心理的互动过程。"

取悦无处不在。女为悦己者容，男人为讨他爱慕的女人欢心说尽甜言蜜语。上司的褒奖与肯定，朋友之间的相互鼓励，忘年之交的相互欣赏……总之，取悦别人的言行无处不在。

一个外交家在写给儿子的信中说：在这个世界上，所有的人在本质上都喜欢别人讨好自己，每个人都有弱点，都有可笑而天真的虚荣心。比如说，男人总希望别人夸赞他比别人更有智慧，而女人总希望让人觉得自己更漂亮。这些念头虽然错误，但对他们来说是愉悦的，也不会伤害他人。所以，宁可让他们沉浸在快乐之中，成为自己的朋友，也不要老老实实地揭穿他们的虚荣，为自己树敌。

一天，亨利的妻子请他讲出自己的6条缺点，以便她改进而成为更好的妻子。

亨利想了想说："让我想一想，明天早晨再告诉你。"第二天一大早，他来到鲜花店，请花店给妻子送6朵玫瑰，并附上一张小纸条："我实在想不出你需要改变的6个缺点，我就爱你现在这个样子。"当亨利晚上回家时，妻子站在门口迎接他，她感动得几乎要流泪。从此，他们的关系更加和谐了。

如果你想赢得某些人对你的友谊和关爱，不管是男是女，你都要努力去发现他们身上的优点和缺点。对于自己不能确信又想拥有的长处，若是能听到别人的恭维，他们必定会非常高兴。比如，女人最关心的就是自己是不是漂亮。在这方面，千万不要吝啬你的赞美之词。

耶鲁大学的威廉·李昂·费尔浦教授说：多站在他人的立场上思考问题，不但可以让你消除心中的忧虑，也能帮助你广交朋友，获得更多的人生乐趣。

安德森之前有严重的抑郁情绪，每天都过得很不快乐，对外界的一切都提不起兴趣，更别说取悦他人了。但自从接纳了费尔浦教授的建议之后，他竟然很快痊愈了。

"无论我在做什么事，或者是住进旅馆里，或者只是日常的理发和购物，我总是对自己所碰到的人说点能让他们高兴起来的话。我会称赞商店里那位接待我的服务员小姐，说她的眼睛很漂亮，头发很美；我会很关切地询问正在为我理发的师傅，整天站着会不会觉得累？我会问问他，他是怎么进了理发这一行，做了多久？问问他是否曾经统计过，他已经给多少人理过发？我发现，只要我对身边的人表现出浓厚的兴趣，他们就会高兴起来。当我走进旅馆，看到那个正在帮我搬行李的戴红帽子的侍应生，我上前与他握手，他就会觉得十分开心，精神十足。"

帮助他人能给你带来更多的快乐和更大的满足，让你心中充满惬意。亚里士多德将这种人生态度称为"有益于人的自私"。爱默生说："人生最美丽的补偿之一，就是人们真诚地帮助别人之后，同时也帮助了自己。"富兰克林的说法更直截了当："当你善待他人时，也就是在善待自己。"

你希望别人怎样待你，你就应以同样的方式对待别人。取悦他人，博取他人好感最实用的方法和准则就是"投之以桃，报之以李"。给，就是一种舍，我们在给别人的时候，就是在舍自己的某些东西，如时间、精力、关怀、财物等，而这些舍，同样会使我们得到。

让别人有愉悦的感受固然可取，但不能挖空心思地投其所好。适度取悦他人，应视为一种礼貌、一种气度、一种聪慧；千万不要与拍马奉承、违心恭维、逞强卖弄混为一谈。合理地发挥取悦他人的潜能，你自己也将获得愉悦。

8.要有不求回报的清净心

你总是期待别人为你做些什么吗？或是，经常质疑自己付出那么多，为何却没有人愿意为你付出吗？

星云大师在谈到布施和回报时这样认为：很多人以为自己付出了许多，别人理应也为我们付出，只是就算人们给了回馈，却还是达不到他们所预期的，于是从他们嘴里听见的，总还是那一句："人心现实。"真的是人心现实，还是我们贪图太多？仔细想想，别人又应当为我们做些什么呢？

一个漆黑的夜晚，一个远行寻佛的苦行僧走到了一个荒僻的村落中。漆黑的街道上，村民们在默默地走着。

苦行僧转过一条巷道，看见有一门昏黄的灯光正从巷道的深处静静地亮过来。身旁的一位村民说："瞎子过来了。"

苦行僧百思不得其解。一个双目失明的盲人，白天和黑夜于他而言根本没有差别，他却挑着一盏灯笼，这不是多此一举吗？那灯笼渐渐近了，昏黄的灯光渐渐从深巷移游到僧人的芒鞋上。

百思不得其解的僧人问："敢问施主真的是一位盲者吗？"

那挑灯笼的盲人告诉他："是的，从踏进这个世界，我就一直双眼混沌。"

僧人问："既然你什么也看不见，那你为何挑一盏灯笼呢？"

盲者说："现在是黑夜吧？我听说在黑夜里没有灯光的映照，满世界的人都会和我一样是盲人，所以我就点燃了一盏灯笼。"

僧人若有所悟："原来您是为别人照明？"

那盲人却说："不，我是为自己！"

为你自己？僧人又愣了。

盲者缓缓地问僧人说："你是否因为夜色漆黑而被其他人碰撞过？"

僧人说："是的，就在刚才，还被两个人不留心撞到过。"

盲人听了，得意地说："但我没有。虽说我是盲人，什么也看不见，但我挑了这盏灯笼，既为别人照亮儿，也更让别人看到了我自己，这样，他们就不会因为看不见而撞到我了。"

苦行僧听了，顿有所悟。他仰天长叹说："我天涯海角奔波着找佛，没有想到佛就在我的身边，人的佛性就像一盏灯，只要我点亮了，即使我看不见佛，但佛却会看到我。"

是的，点亮属于自己的那一盏生命之灯，既照亮了别人，更照亮了自己；只有先照亮别人，才能够照亮我们自己。

有位热心助人的朋友曾说："每当别人说'真不好意思麻烦你了，如果你以后需要帮忙，我一定义不容辞'，这反而让我更不好意思。其实能付出，代表着我有能力，有余裕，一切都是充足的，开心都来不及，哪里还会想着麻烦？开心，就是他们给我的最好收获。"

多棒的知足心！更进一步想想，在这个功利社会里，真正能取悦自己的人，始终还是你自己！所以，希望看见回馈收获，想得到别人付出的心意，其实不必等待，看见他们开心满足，知道自己有多余的能力付出，这不正是最好的回馈收获吗？

不要把布施出的人情总挂在嘴上，那样会显得你很小气。做足了人情，给够了面子，你该坐享其成，但千万不要夸大其词，最好不夸功，甚至可以不认账。你不认账，并不等于朋友不清楚。你记着我的好处，我记着你的好处，将来怎么办，你我心里有数。张扬除了让别人称赞一句"这个人很能干"，只能给你带来一些不利：首先，得罪了请你办事的朋友，他会觉得你是在众人面前贬低他；其次，你会让听的朋友讨厌，他们也会想：这朋友怎么这样，以后我可不求他，说不定将来也会说出去。

管好自己的嘴巴，事情已经过去了，该怎么做还是怎么做，总有一天，真正的朋友会好好回报你的。如果对方无意回报，即使你每天对他说一百遍，也无益处。

第七章

七修：
心内无烦恼，自在乐逍遥

　　禅者有一颗"美心"，所谓"心美，一切皆美"，这个"心美"就是禅。懂得欣赏，平凡枯燥的生活也有它的温馨，身处嘈杂的闹市之中也能感觉很美；不懂得欣赏，身处人间仙境也会觉得毫无趣味。

——星云大师

1.参透得失的本质

人生总是有得有失，有的人很贪心，想把一切都攥在手里，失掉了任何一样都会不开心，这是因为没有参透得失的本质。

星云大师说，我们在得失之间要有一颗平常心，要以"得之我幸，失之我命"的坦然去乐观面对整个人生。

有一天，无德禅师正在院子里锄草，迎面走过来三位信徒。

信徒们先是向他施礼，然后说："人们都说佛教能够解除人生的痛苦，但我们信佛多年，却并不觉得快乐，这是怎么回事呢？"

无德禅师放下锄头，慈祥地看着他们说："想快乐并不难，首先要弄明白人为什么活着。"

甲说："我母亲今年80多了，身体不好，我总是担心她离我而去。"

乙说："我要没日没夜地干活，才能够养活一家老小，我感觉很累，一点都不快乐。"

丙说："我今年都快30岁了，却连个功名都没考上，全家就指望我高中，可我却屡屡失败。"

听了三人的诉说，无德禅师停下了手里的活，想了想，说道："难怪你们不快乐，因为你们总在计较失去的东西，总是在意生活里不好的一面。"

无德禅师先对甲说："你的母亲身体不好，你要好好照顾，可你家上个月不是新添了一个女儿吗？这难道不让你觉得高兴吗？"接着对乙说："你每天工作很累，但你有一份正经的工作，在村子里首屈一指，能跟家人享受天伦之乐，这难道不让人高兴吗？"最后对丙说："村子里每一块匾都是你题的字，你读书最多，识遍天下，纵览古今，这难道不让人高兴吗？"

三人听后都恍然大悟，谢过禅师而去。

有一位哲人说："世界上有两种人，他们的健康、财富以及生活上的各种享受大致相同，结果，一种人是快乐的，而另一种人却得不到快乐。"杭州灵隐寺中有一副对联，上联是"人生哪能多如意"，下联是"万事但求半称心"。若是因为失去了身外之物而丢掉自己的好心情，那就太得不偿失了。

在人生的道路上，每个人都在不断地累积着令自己烦恼的东西，包括名誉、地位、财富、亲情、人际关系、健康、知识、事业等。这些东西压得人们喘不过气来，使人们失去了原本应该享受的乐趣。

有个富人叫白正，他每天都很不快乐，听说在偏远的山村里有一位得道高僧，他便把所有家产换成了一袋钻石，前去拜访高僧，寻求快乐之法。

他对高僧说："人们说你无所不知，请问在哪里可以买到快乐的秘方呢？"

高僧说："我这里的快乐秘方价格很贵，你准备了多少钱，可以让我看看吗？"

白正把装满钻石的锦囊拿给高僧，没有想到高僧连看也不看，一把抓住锦囊，跳起来就跑掉了。

白正非常吃惊，四下又无人，只好自己追赶高僧，可是跑了很远也没有见到高僧的身影，他累得满头大汗，在树下痛哭。

正当白正哭得厉害之时，他突然发现被抢走的锦囊就挂在枝丫上。他取下锦囊，发现钻石还在。一瞬间，一股难以言喻的快乐充满他全身。

高僧从树后走出来，说道："凡人不懂得得与失的平衡，自以为失要痛哭，得要欢喜，抛却了这种观念，你才能真正的快乐。"

白正叩谢禅师，回去之后开始劳动，每天都过得很快乐。

人生最大的障碍和不自在，就是受外界的牵制，对外在虚假地认同而破坏了我们心灵的统一。绝对的本体是超越了时间、空间和因果律的范畴。"众生由其不达一真法界，只认识一切法之相，故有分别执著之病。"

人们总喜欢羡慕别人拥有自己没有的，却忽略了自己所拥有的。记住，我们每个个体之所以存在于世界上，自有它存在的意义；每一个人都拥有自己的优点和长处，也有自己的缺点和短处。因此，安心做自己的人，才是智慧的人。

2.不舍一株菊花，哪得一村菊香

生活是：付出——收获——付出。这是一个往复循环的过程，在整个循环过程中，付出是前提，收获是结果。假如你不舍小，就不可能得大。

一位老禅师在院子里种了一株菊花。第三年的秋天，院子成了菊花园，香气一直传到了山下的村子。凡是来寺院的人们都忍不住赞叹："好美的花儿呀！"

一天，村子里有个人开口向老禅师要几株花种在自家的院子里，老禅师答应了。他亲手挑选了开得最艳、枝叶最粗的几棵，挖出了根须送到了那个人的家里。消息很快传开了，前来要花的人接连不断。在老禅师的眼里，这些人一个比一个知心，一个比一个亲近，所以都要给。

不多时日，院子里的菊花就被送得一干二净了。没有了菊花，院子里就如同没有了阳光一样寂寞。秋天的最后一个黄昏，有个弟子看到满院的凄凉，忍不住地叹息道："真可惜！这里本来应该是满院花朵与香味的。"

老禅师笑着对弟子说："这不是更好吗？三年之后将一村菊香。"

"一村菊！"弟子不由得心头一热，看着师父，只见他脸上的笑容比开得最美的菊花还要灿烂。

老禅师告诉弟子："我们应该把美好的事物与别人一起共享，让每一个人都感受到这种幸福，即使自己一无所有了，心里也是幸福的。"

不舍一株菊花，哪得一村菊香？没有小舍，怎么可以得到更多？

星云大师在讲解这个故事时说，舍，看起来是给人，实际上是给自己。给人一句好话，别人才会回你一句赞美；给人一个笑容，别人才会对你回眸一笑。舍和得的关系，就如同因和果，因果是相关的，舍与得也是互动的。

"流水不腐，户枢不蠹"的道理历来为人所熟知，人生的很多东西也是如此，只有让它流转起来，才能保证它的顺滑和活跃，进而增加你的所得和幸福。

其实，舍也分为两种，一种是放弃，一种是给予。前一种是睿智，后一种大度，都是智慧，都是说易行难的。每个人都有心头好，都知道君子不夺人所爱，但是把自己的所好、所爱给予别人，或者是放弃，是最难的。

老子曾经说过："天之道，损有余而补不足。人之道，损不足而奉有余。"人之道之所以不同于天之道，正是因为人之道只想得，不想舍；而天之道要舍，不是得。

渔人在捕鱼，一只鸢鸟飞下，叼走了一条鱼。有无数只乌鸦看见了鱼，便聒噪着追逐鸢鸟。鸢鸟不论飞到哪里，乌鸦都紧追不舍，鸢鸟被追得疲惫不堪，心神涣散时，鱼从嘴里掉了下来。那群乌鸦朝着鱼落下的地方继续追逐。鸢鸟如释重负，栖息在树枝上，心想：我背负这条鱼，让我恐惧烦恼；现在没有了这条鱼，反而内心平静，没有忧愁。

就像鸢鸟体会到的一样，有舍才有得。生活中任何事都是一体两面的，就看你如何取舍。

小舍小得，大舍大得，不舍不得，人心便坦然，这就是智慧。

3.感恩一切福佑

生命的整体是相互依存的，每一样东西都依赖其他每一样东西。无论是父母的养育、师长的教诲、配偶的关爱、他人的服务、大自然的慷慨赐予……人自从有了自己的生命起，便沉浸在恩惠的海洋中。

有个寺院的住持给寺院立下了一个特别的规矩：每到年底，寺里的和尚都要面对住持说两个字。

第一年年底，住持问新来的和尚心里最想说什么，和尚说："床硬。"

第二年年底，住持又问他心里最想说什么，他说："食劣。"

第三年年底，和尚没等住持提问，就说："告辞。"

住持望着对方的背影自言自语道："心中有魔，难成正果，可惜！可惜！"

星云大师解释说，住持说的"魔"，就是和尚心里没完没了的抱怨。这个和尚只考虑自己要什么，却从来没有想过别人给过他什么。这样的人在现实生活中很多，他们这也看不惯，那也不如意，怨气冲天，牢骚满腹，总觉得别人欠他的，社会欠他的，从来感觉不到别人和社会对他的生活所做的一切。这种人只会抱怨，不懂感恩。

　　两个旅人已在沙漠中行走多日，在他们口渴难忍的时候，碰见了一个老人，老人给了他们每人半碗水。两个人面对同样的半碗水，一个抱怨水太少，不足以消解他身体的饥渴，抱怨之下竟将半碗水泼掉了；另一个也知道这半碗水不能完全解除身体的饥渴，但他懂得感恩，并且怀着感恩的心情喝下了这半碗水。结果，前者因为拒绝这半碗水死在了沙漠中，后者因为喝了这半碗水，最终稿走出了沙漠。

　　感恩者遇上祸，祸也能变成福；而那些常常抱怨生活的人，即使遇上了福，福也会变成祸。

　　有一个出生在贫困山区的女孩，她有幸考上了重点大学，但不幸的是，在她入校不久，他的父亲就遭遇车祸身亡了。家中无力供她上学，就在她准备退学回家时，社会送来了关怀，老师和同学也慷慨捐款捐物。她将大家的赠物藏在箱子里，舍不得用。只要打开箱子看看这些赠物，她就会想到自己周围有那么多的关怀、爱心，心中就不由产生出一种感激之情。这种感激之情又驱使她去战胜困难，顽强拼搏。这个在物质上贫困的女孩，却变成一个精神上的富有者。她心怀感恩，终于读完了大学，还以优异的成绩留学美国。她说："大家给我的一切，是我的精神财富，永远留在我的心里。我要努力学好本领，回报祖国，回报父老乡亲。"

　　人要懂得感恩，感恩大自然的福佑，感恩父母的养育，感恩社会的安定，感恩食之香甜，感恩衣之温暖，感恩花草鱼虫，感恩苦难逆境，就连自己的敌人，也不忘感恩，因为真正促使你成功，使你变得机智勇敢、豁达大度的，不是优裕和顺境，而是那些常常可以置自己于死地的打击、挫折和对立面。

挪威著名的剧作家易卜生把自己的对手瑞典剧作家斯特林堡的画像放在桌子上，一边写作，一边看着画像，从而激励自己。易卜生说："他是我的死对头，但我不去伤害他，把他放在桌子上，让他看着我写作。"据说，易卜生在对方目光的关注下，完成了《社会支柱》、《玩偶之家》等世界戏剧文化中的经典之作。

人有了不忘感恩之心情，人与人、人与自然、人与社会之间的关系也会变得更加和谐，我们自身也会因为这种感恩心理的存在而变得愉快和健康。

4.放弃无谓的固执

在人的一生中，要遇到许许多多的选择，无奈的是，鱼和熊掌往往不可兼得。在把握命运的十字关口，我们要审慎地运用自己的智慧，做出最正确的判断，放弃无谓的固执，冷静地用开放的心胸去做正确的选择。

一对师徒走在路上，一个徒弟发现前方有一块大石头，他皱着眉头停在了石头前面。

师父问他："为什么不走了?"

徒弟苦着脸说："这块石头挡着我的路，我走不过去了，怎么办？"

师父说："路这么宽，你怎么不绕过去呢？"

徒弟回答道："不，我不想绕，我就想要从这块石头上迈过去！"

师父："可能做到吗？"

徒弟说："我知道很难，但我就要迈过去，我就要打倒这块大石头，我要战胜它！"

经过艰难的尝试，徒弟一次又一次地失败了。

最后，徒弟痛苦地说："连这块石头我都不能战胜，我怎么能完成伟大的理想呢？"

师父说："你太执著了，对于做不到的事，不要盲目地坚持到底，你要知道，有时坚持不如放弃。"

过分执著，就成了固执。要时刻留意自己执著的意念是否与成功的法则相抵触，但追求成功并非意味着你必须全盘放弃自己的执著，而来迁就成功法则。你只需在意念上做合理的修正，使之符合成功者的经验及建议，即可走上成功的轻松之道。

星云大师认为，一个人理智地放弃他无法实现的梦想，放弃盲目的追求，是人生目标的重新确立，也是自我调整、自我保护的最佳方案。学会放弃，给自己另辟一条新路，往往会柳暗花明。

他是个农民，但他从小的理想是当作家，为此，他一如既往地努力着。10年来，他坚持每天写作500字。每写完一篇，他都会改了又改，精心地加工润色，然后充满希望地寄往各地的报纸、杂志。遗憾的是，尽管他很用功，可他从来没有一篇文章得以发表，甚至连一封退稿信都没有收到过。

29 岁那年，他总算收到了第一封退稿信。那是一位他多年来一直坚持投稿的刊物的编辑寄来的，信里写道："看得出你是一个很努力的青年，但我不得不遗憾地告诉你，你的知识面过于狭窄，生活经历也显得过于苍白。但我从你多年的来稿中发现，你的钢笔字越来越出色了。"

就是这封退稿信点醒了他的困惑，他意识到，自己不应该对某些事坚持到底。于是，他毅然放弃写作，而练起了钢笔书法，果然长进很快。现在，他已是有名的硬笔书法家。

就这样，他让理想转了一个弯，继而柳暗花明，走向了成功。成功之后的他曾向记者感叹：一个人要想成功，理想、勇气、毅力固然重要，但更重要的是，人生路上要懂得舍弃，更要懂得转弯！

如果你以相当的精力长期从事一种事业，但仍旧看不到一点进步、一点成功的希望，那就不必浪费时间了，不要再无谓地消耗自己的力量，而应该再去寻找另一片沃土。目标是一种方向，需要恰当地选择。假如你的一个目标发生了问题，应当马上更换一个目标，这样才能挖掘你自己的潜力。

放弃，并不是让你放弃既定的生活目标，放弃对事业的努力和追求，而是放弃那些已经力所不能及、不现实的生活目标。任何收获都需要付出代价，付出就是一种放弃。

放弃不是退缩和隐藏，而是教你如何在衡量自己的处境后有的放矢，聪明睿智地做出正确的选择。

5.停止流无用的眼泪

《百喻经》里有一个故事：有一只猩猩，它手里抓了一把豆子，高高兴兴地在路上一蹦一跳地走着。一不留神，手中的豆子滚落了一颗，为了这颗掉落的豆子，猩猩马上将手中其余的豆子全部放置在路旁，趴在地上，转来转去，东寻西找，却始终不见那一颗豆子的踪影。最后，猩猩只好用手拍拍身上的灰土，回头准备拿取原先放置在一旁的豆子，怎知那颗掉落的豆子没找到，原先的那一把豆子却全都被路旁的鸡鸭吃得一颗也不剩了。

想想我们现在的追求，是否也是放弃了手中的一切，仅仅为了追求掉落的那一颗？

一个老人不小心丢了一只新鞋，发现鞋子已经无法找到，就干脆将另一只鞋子脱下来扔掉。

这举动让人大吃一惊。"是这样，"老人解释道，"这一只鞋无论多么昂贵，对我而言都没有用了，如果有谁能捡到一双鞋子，说不定他还能穿呢!"

与其抱残守缺，不如就地放弃。事物的价值不在于谁占有，而在于如何占有。失去不一定是损失，也可能是获得。

扔掉第二只鞋的那位老人，他的做法确实值得称道，既然已经不能保全自己的美事，何不成全别人呢？对于别人，也许可以获得整个冬天的温暖。

的确，失去的已经失去，何必为之大惊小怪或耿耿于怀呢？

之所以失去某种心爱之物会让我们的心备受折磨，究其原因，是因为我们没有调整好心态去面对失去，没有从心理上承认失去，只沉湎于已不存在的过去，而没有想到去创造新的未来。

一位有着多年临床经验的心理医生撰写了一本医治心理疾病的专著。有一次，他受邀到一所大学讲学，课堂上，他拿出了厚厚的著作，说："这本书有1000多页，里面有3000多种治疗方法，100000多种药物，但所有的内容其实只有4个字。"

说完，他在黑板上写下了：如果，下次。

医生接着说："很多时候，造成人们精神消耗和折磨的就是'如果'这两个字。'如果我考进了大学''如果我当年不放弃他''如果我当年换了其他的工作'……这些是我这么多年来听到最多的话语。治疗心理疾病的方法有很多，但最终的办法只有一种，就是把'如果'改成'下次'：'下次我有机会再去进修''下次我不会放弃所爱的人'……只有这样，人们才能真正地从痛苦中走出来。"

正如我们的人生，走过的那一段已经无法重新开始，不管你再怎么惋惜、悔恨也无法改变既定的事实。与其在痛苦中挣扎，不如重新找到一个目标，再一次奋发努力。不要因为过去的失败做无谓的自责和叹息，真正学会放弃后，你会发现，那才是一种真正的超越，一种真正的战胜自我的强者姿态。

令人后悔的事情在生活中经常出现，许多事情做了后悔，不做也后悔；许多人遇到后悔，错过了更后悔；许多话说出来后悔，不说也后悔……人生没有回头路，也没有后悔药，过去的已经过去，你再也无法重新设计。后悔，只会消弭未来的美好，给未来的生活蒙上阴影。

只要你心无挂碍，什么都看得开、放得下，何愁没有快乐的春莺在啼鸣？何愁没有快乐的泉溪在歌唱？何愁没有快乐的白云在飘荡？何愁没有快乐的鲜花在绽放？所以，放下就是快乐。不被过去纠缠，才是幸福的人生。

6. "心美"就是禅

常言道："这个世界并不缺少美，只是缺少发现美的眼睛。"所以，我们要学会用"发现美"的眼睛。所谓禅者，就是指能够发现美、懂得欣赏生活的美的人。这样的人不会遗漏生活中的美好细节，更不会在行路艰难的时候只看到灰暗丑陋的一面。

星云大师说，禅者有一颗"美心"，所谓"心美，一切皆美"，这个"心美"就是禅。懂得欣赏，平凡枯燥的生活也有它的温馨，身处嘈杂的闹市之中也能感觉很美；不懂得欣赏，身处人间仙境也会觉得毫无趣味。

陶潜的诗："晨兴理荒秽，带月荷锄归。"本来是天刚亮就去下地干活，干到晚上才能山家，却被他看成"带月"归家，这难道不是一种感受美吗？

以禅心观世界，就能看到世界的美。对人对事也可以发现美，发现好的方面，只需要我们用心去感受、欣赏。

一个年轻人在一个陌生的地方碰到了一位老人。

年轻人问："这里如何？"

老人却反问道："你的家乡如何？"

年轻人说："简直糟糕透了。"

老人接着说："那你快走，这里同你的家乡一样糟。"

之后，又来了一个年轻人问了同样的问题，老人也同样反问，年轻人回答说："我的家乡很好，我很想念家乡……"

老人便说："这里也同样好。"

旁观者觉得诧异，问老人为何前后说法不一致？老人说："你要寻找什么，你就会找到什么！"

在不同人的眼中，世界也会变得不同。其实，星星还是那颗星星，世界依然是那个世界，你用欣赏的眼光去看，就会发现很多美丽的风景；若带着满腹怨气去看，便会觉得世界一无是处。

生病时一句温暖的问候，失败时一声亲切的安慰，这些不都是美的表现吗？不要只看到"生病"与"失败"。一切事物都有其多面性，生活也是如此，我们需要做的就是调节自己的角度，去感受它的不同。看好的一面，是为了提醒自己同样拥有幸福，还有前进的动力，哪怕很艰难。

有的时候，换一个角度、换一个想法看待事物，会有不同的感受。

一位单身女子刚搬了家，她发现隔壁住了一户穷人家：一个寡妇与两个小孩子。

有天晚上，那一带忽然停电了，那位女子只好自己点起了蜡烛。没一会儿，忽然听到有人敲门，

　　敲门的是隔壁邻居家的孩子，孩子很紧张，问道："阿姨，请问你家有蜡烛吗？"

　　女子心想："他们家竟穷到连蜡烛都没有吗？我千万不能借他们，否则他们以后就会经常来借。"

　　于是，她对孩子吼了一声说："没有！"

　　正当她准备关上门时，那孩子露出了温暖的笑容说："我就知道你家一定没有！"说完，竟从怀里拿出了两根蜡烛，说："妈妈和我怕你一个人住又没有蜡烛，所以我带两根来送你。"

　　孩子的话让女子觉得既感动又无地自容。

　　这就是看问题角度不同造成的两种心理差异，单身女子总是以一种防备之心看人，而邻居则是以一种推己及人的方式看人，做出的事情自然不同。

　　拍照片角度不同，照出来的效果就不同，人生也是如此。换一个角度，换一个想法，你就会有不同的收获。

7.随遇而安，随喜而作

　　《菜根谭》上说："万事皆缘，随遇而安。"人生的自得与悠然欢喜全靠这"随缘"的心境。佛家有云："随遇而安，随缘生活；随心自在，随喜而作。若能一切随他去，便是世间自在人。"要做世间自在人，就要先从内心做起，内心不受拘束，不受干扰。

星云大师认为，"随遇而安，随喜而作"的人生态度是一种境界。如果我们都能够有一种无牵无挂、无忧无虑、知足豁达的人生态度，一份淡泊宽大的心境，那么无论我们身在何处，都能够找到属于自己的生活。

老和尚和小和尚遇见了洪水，小和尚愁眉苦脸，老和尚却毫不在意，小和尚劝师父赶紧走，老和尚说："难道山下就没有洪水了吗？"3天后洪水退去，老和尚告诫小和尚："无论遇到什么事都不要惊慌，一切都会过去的。这就是随缘而活。"

赵州禅师师徒二人论道，比谁把自己说得最脏最臭。

师父说："我是驴。"

徒弟说："我是驴屁股。"

师父再说："我是驴屎。"

徒弟说："我是驴屎里的蛆虫。"

师父问："你在驴屎里做什么？"

徒弟说："我在里面乘凉啊！"

星云大师说，这个"乘凉"就反映了一种随遇而安、逍遥自在的心态。

有个人请求禅师题个字，禅师送了"父死子死孙死"6个字。这个人认为不吉利，很不高兴。禅师就给他解释说："这是世界上最好的话了。先是父死，再是子死，最后是孙子死，这是最符合自然规律的，难道你希望儿子或者孙子先死？"

抗战时期，梁实秋迁居重庆乡下，在主湾山腰买了一栋平房。这房子完全是"陋室"的模样：有窗而无玻璃，风来则洞若凉亭，有瓦而空隙不少，雨来则渗如滴漏，附近有高梁地，有竹林，有水池，有粪坑。就是这样的地方，却被梁实秋起了个名字叫"雅舍"，并在此一住7年。梁实秋深知此中苦乐滋味，在此间写下了风行一时的《雅舍小品》。

人因为执著的东西太多，所以得到的烦恼也很多，总是提心吊胆、患得患失。太多的人在面对一些状况的时候不肯接受，比如工作的升迁或者降职，总是不能随遇而安，反而把这样的事情堵在心里，不得解脱，久而久之，生活就会变得越来越沉重。

宋朝留下了一座庙，这座庙门上有一副对联："得一日粮斋，且过一日；有几天缘分，便住几天。"这是一种万事随缘的心境，不为外物所累。"有粮多吃，无粮少吃"并不是要我们万事消极，而是说在没有粮的情况下不要哀叹粮食不足，而要享受这一过程，因为即便再哀叹，"粮食"也不会凭空多出来。

丹霞天然禅师从小就学习儒家经典，长大后打算进京赶考，却在路上遇到了一位行脚僧。

僧人问："您这是要到哪里去？"

天然禅师回答说："赶考去。"

僧人说道："赶考怎么能比得上选佛呢？现在江西的马祖道一禅师出世，您可以到那里去。"

于是天然禅师改道南行，毅然放弃了赴京赶考的打算，来到江西去参拜马祖禅师。他向马祖禅师表明来意后，马祖禅师告诉他前往湖南石头禅师那儿参学，并对他说："没有剃度不要回来。"

天然禅师又赶到南岳，见到石头和尚就请他为自己剃度。石头和尚并没有立即给他落发，只是说："你到槽厂舂米去吧。"于是，天然禅师在厨房干了3年的杂活。

3年后，石头和尚很满意，欣然为他剃度。

天然禅师开悟后，又去江西去拜见马祖禅师。他径直来到僧堂内，骑坐在菩萨像上，众人一看，吓了一跳，赶忙把这件事报告给马祖禅师，马祖道一禅师见是他，便笑着说道："我子天然。"

天然禅师立即从菩萨身上跳下来，向马祖禅师行礼后说："多谢大师赐我法号。"天然禅师的名号由此而来。马祖禅师说道："你终于懂得了随遇而安，随喜而作。"

佛家讲："繁荣的随它繁荣，枯萎的任它枯萎。"当一件事情发生之后，既然无力改变，那就要欣然接受，不做愁眉苦脸的"苦行僧"，而要容得下万物，过眼云烟如浮云，我自随缘过千年。

8.懂得加减法，人生永不绝望

星云大师说：人生有时候是一帆风顺，所谓商场满意、情场得意、官场快意，这都是"加"的人生；但有时候也会遇上事业上的失意、人情上的恨意、生活上的无意、朋友间的歉意，这都叫"减"的人生。人生本来就像潮水一样，起起落落，有高潮有低潮，这就是"加加减减"的人生。

一天，一位樵夫像平时一样来到山上砍柴。他来到一棵粗壮的大树面前，用斧头和锯子轮流劈砍和磨锯大树。但由于大树实在是太粗壮了，他一直干到傍晚也没有成功。经过片刻的休息，他又重新砍树，此时天已经越来越黑了，樵夫为了抓紧时间，加快了砍树的节奏。没想到，就在他低着头没注意时，大树迅速倒了下来，压在了他的腿上。樵夫疼得冒出了冷汗，他使尽了浑身的力气，也没能将腿上的大树移开。他开始意识到这棵树实在太大了，根本不可能移开，于是转而用尽力气喊人，但因为天色已经太晚，山上其他的樵夫早就回家了，他喊了半天也没有回应。

樵夫知道，时间拖得越久他就越危险。看到旁边的锯子，他狠下心用锯子朝自己的腿上用力拉，钻心的疼痛几乎让他晕死过去。樵夫忍着剧烈的疼痛，用惊人的意志力锯断了压在大树下的腿，然后用衣服包好伤口，最后终于艰难地爬到了有人居住的地方。

他的命保住了，可那条腿却不可能再接上。不过医生说，如果不是他当时果断地锯掉了压在树下的腿及时来到医院，他的生命就会因为拖延太长时间而难以得到保全。

有一位哲人说，人生如车，其载重量有限，超负荷运行会使人生走向反面。人的生命有限，而欲望无限，所以，我们要学会辩证地看待人生，看待得失，用减法减去人生过重的负担。

柳宗元在《柳河东集》中写了一篇文章叫《蝜蝂传》。蝜蝂是种很会背东西的小虫子，爬行时遇到东西，它总要捡起来，将其背到身上，即使疲劳到了极点，它还是会不停地往背上加东西。蝜蝂的脊背非常粗糙，东西堆积在上面散落不了。最后，蝜蝂终于被压得倒在地上爬不起来了。有人很同情它，便替它去掉背上的东西，但只要它能够爬行，仍会背上许多东西，直到扑倒在地。蝜蝂喜欢往高处爬，用尽了最大力气也不停止，直到摔死为止。

每当面对取与舍的选择时，很多人都会在有意无意之间选择取，因为在人看来，取便意味着得，舍便意味着失，于是在取舍之间，人们自然而然地趋向于前者。然而，生活这门艺术并非如此简单，生活并不是一加一等于二的数学公式，生活当中的取舍艺术也不是取与得、舍与失的一一对应关系。

若不能很好地面对生活中各种纷繁复杂的事物，不能对这些事物进行适度取舍，那人们在生活中的表现就不能算得上明智。生活中常常"鱼"和"熊掌"不可兼得，这个时候就要我们做出加减法，舍弃掉某些东西，才可以得到更多。

有一本畅销书《谁动了我的奶酪》中有一句妙语："越早放弃旧的奶酪，你就会越早发现新的奶酪。"我们的人生可以说是一种动态平衡，有失必有得，在得到的同时，必定会失去些什么来作为交换。无论得与失，最终人生的天平还是会恢复平衡的。

有人曾做过一个试验：把一棵 37.5 公斤重的仙人球放在室内，一直不浇水。过了 6 年，那棵仙人球仍然活着，而且还有 26.5 公斤重。也就是说，经过 6 年时间，它只消耗了 11 公斤的水。也曾有人发现，一棵在博物馆里活了 8 年的仙人掌，平均每年因生长而消耗掉的水分仅占其总贮水量的 7%。

那么，仙人掌怎么做到如此的呢？为了减少蒸腾的面积，节约水分的"支出"，它的叶片已经慢慢地退化变成了针状或刺状。绿色扁平的茎也披上了一件非常紧密的角质层，里面还分布着几层坚硬的厚壁组织，这样就有效地防止了水分的散发。为了减少水分蒸发，仙人掌表皮上的下陷气孔只有在夜晚才稍稍张开，这样便大大地降低了蒸腾速度，防止水分从身体里跑掉。仙人掌十分难看，但它非常耐活，仙人掌"减"掉了多余的枝叶和华丽的外表，换来的就是沙漠里静静地矗立。

一斤芝麻 7 元钱，一斤白糖 3 元钱，一斤芝麻加上一斤白糖却不是 10 元，因为做成芝麻糖会卖得更贵。人生的加减由我们掌控，生活要拿得起放得下，要主动做减法，给自己的生活留下足够的空间。

生活就是一种取舍的艺术，"加"代表拥有，代表索取，但人生不是一个永远也填不满的聚宝盆，"加"的东西越多，活得也就越累。人生加减法的哲理能让我们减去烦恼，减去疲惫，收获更多的美好。

第八章

八修：
口中多说好，言谈悦人心

多年以前，曾经在一篇文章里读到这么一句话："语言，要像阳光、花朵、净水。"当时深深感到十分受用，于是谨记心田，时刻反省，随着年岁的增长，益发觉得其中意味深长。

——星云大师

1.一言折尽平生福

俗谓："良言一句三冬暖，恶语伤人六月寒。"语言是传达感情、沟通交流的工具，但是如果运用不当，虽是出自无心，也会成为伤人的利器。

星云大师说："多年以前，曾经在一篇文章里读到这么一句话：'语言，要像阳光、花朵、净水。'当时深深感到十分受用，于是谨记心田，时刻反省，随着年岁的增长，益发觉得其中意味深长。"

言语在有的时候非常重要，说不准哪一句话说得不对，或是说的让人听着刺耳，就得罪了别人。所以，我们在交谈的时候要讲究一些。

首先，态度要诚恳，只有这样才会有一个双方都乐于沟通的氛围。态度傲慢并不能表现你的优越感，相反，还会暴露出你缺乏修养，这是交谈的一大禁忌。但亲切友好的态度则会让对方甚至你的对手心里放松，如此自然愿意与你畅谈、倾诉。

其次，说话的时候，语言要文明，这一点相当重要。使用文明语言是对别人的尊重，也是对自己的尊重。粗话、脏话、黑话、荤话、怪话等先在脑子里过滤一下，否则，一句话没说对，很可能会闹得大家不欢而散。另外，隐私和敏感话题也要尽量少谈及，如果对方感觉如坐针毡，交谈还怎么进行下去呢？

最后，还应当注意身体语言：目光注视对方，表情要自然，要不时地点头，适时地微笑。有些时候，我们需要与对方保持适当的距离，不能太远，远了会听不清彼此所要交谈的内容；也不宜太近，太近会给对方以压迫感。

星云大师说，人世间没有十全十美的人，凡人皆有其长处，也难免有短处。在谈话当中，你要极力避免说别人的短处，否则不仅会使别人的尊严受到损害，还会表现出你品德上的缺点。所谓"一言折尽平生福"就是这个意思。

第一，不可在谈话中借词刺探别人的隐私；第二，不可知道了别人的一点点短处就逢人宣扬。

你要明白的一点是，你知道的关于别人的事情不一定可靠，也许另外还有许多隐衷不是你所熟悉的事实。如果你贸然拿你听到的片面之言出去宣扬，话说出口就收不回来了，就算事后你彻底明白了真相，也无法进行更正，别人势必会给你扣个颠倒黑白、是非不分的帽子。

比如："张某借了王某的钱不还，存心赖账，真是卑鄙。"昨天你对一个朋友说，这话是从王某那听来的，他当然会站在自己的立场说话。人都觉得自己是对的，当然不会把话说得很公正。如果你有机会见到张某，他也许会告诉你，他虽然借了王某的钱，但有房屋契约押在王某那里，因为自己的一笔钱被别人耽误了，到期不能清还，只好延长押期。当初王某表示若有需要延长押期时，随时可以延长，而今王某急于拿回现款，张某一时无法立刻付清，既然有抵押物，就不能说他赖账。

人与人之间的关系大半都是如此复杂，你若不知内幕，就不要信口开河。

如果是别人向你说某人的短处，你唯一的办法是听了就算，像保守你自己的秘密一样，谨缄金口，不可做传声筒，并且不要深信这片面之词，更不必记在心上。和谈论别人的短处一样，不可就门面的观察便在背后批评人家，除非这是好的批评。说一个坏人的好处，旁人听了最多认为你无知；把一个好人说坏了，人们就会觉得你存心不良了。

2.肯定比"问号"要好得多

星云大师在一次演讲中说，有的人说话喜欢用问号，有的人说话喜欢用句号，还有的人说话喜欢用惊叹号，甚至有的人说话喜欢用省略号。喜欢用句号讲话的人，凡事总会给你一个交代或答案；喜欢用删节号讲话的人，只要你虚心探究，也总能知道他的内容；用惊叹号讲话的人，喜欢大惊小怪，虚张声势；唯有用问号讲话的人，内容比较复杂。

问号，有时候是表示善意的关怀，会有好的结果；但有时候也会产生不良的结局。例如，对人问安时说："你好吗？""你吃过饭了吗？""你近来如何？"这些都是善意的问号；有的人跟人请示："你对时局的看法如何？""你对社会的经济发展有何见解？"这些都是中性的，无所谓好坏；最可怕的就是责备的问号——质问，如："你来这里干什么？""怎么到现在还没有做完？""为什么花了那么多钱？""为什么吃那么多东西？""为什么今天迟到了？""你今天怎么起得那么迟？"用这种口气对人说话，其结果就会难以预料。

某日，在一辆公车上，前排座有两位乘客在谈话。

第一个说："昨天看一部《地铁里的春天》，演得实在很好。"

"有什么好的？"第二个质问道。

"剧情不错，对改良社会风气有一番独到的见解。"第一个说。

"有什么见解？"第二个仍然用那种语调说话。

"还用问吗？它不是指出不良少年都是被迫走上歧路的吗？"说这句话的时候，第一个似乎有点不悦了。

"这算是什么见解？"第二个依然用质问的语气说。

结果，这两位乘客谈得很不投机，气氛很尴尬。

用质问的语气谈话，是最伤感情的。像现在有些夫妻不睦、兄弟失和、同事交恶，都是由于一方喜欢以质问式的态度来与对方谈话所致。

就像上面提到的两位乘客，如果第二个乘客能够改变他的态度，当第一个提出他对电影的意见而不同意时，他可以坦白说出他对该部电影的见解，而不要用质问的方式让对方感到窘迫，这样谈话就可以愉快地进行下去。

同样地，也有些人爱用质问的语气来纠正别人的错误，比如："昨天我想是今年以来最酷热的一天了。""你怎会知道？"

有的时候，就算对方说错了，但你何必要先给他一个难堪的质问呢？你既知道昨天热度不过34℃，而前天却达到35℃，那你说出来好了。

除了在不得已的场合，如在法庭辩论过程中，质问是大可不必的。如果你觉得意见不对，不妨立刻把你的意见说出来，何必一定要先来个质问，使对方难堪呢？

先质问，后解释，犹如先向对方打了一拳，然后再向他解释为何打他一拳，这很容易破坏双方的情感。被质问的人往往会被弄得不知所措，自尊心也会因此受到打击。假如他是个脾气很坏的人，肯定会恼羞成怒，最后激起剧烈的争辩。

诚实、虚心、坦白和尊敬别人，这几点都是谈话艺术的必备条件。为难对方，借以逞一时之快，于人于己皆无好处。你不愿别人损害你的自尊，你也不可损伤他人的自尊心。就算是对自己的子弟或部属，如果有不对的地方，你可以询问原因，可以向他们解释，但方法、态度一定要真诚大方。质问是不适宜的，如果你想让对方心悦诚服，越是在意见有分歧的时候，越不可用质问的方法。当对方被你的质问弄得很窘迫时，在形势上他失败了，但他必定会抱恨在心。

虽然在朋友的笑谑中，偶然以质问的语气开玩笑是可以的，但不可常用，以免成为习惯。因此，时刻都要提防着自己的语气，温厚待人就是给自己留有余地。若你用质问轻易地进攻别人，如果估计失当，必然会惨败。

星云大师提醒，做人不要经常说些问号的话，肯定总比问号要好得多。比如，有人跟我们借一本书，你可以说"我没有"，但你偏要问："你为什么不自己去买呢？"向你借钱，你可以不借，但不能问："你老是借钱干什么？"找你做事，你也可以婉言谢绝不做，但不可以说："你找我做，那你自己做什么？"这种问号式的对谈很容易伤害彼此的感情。

3.说出别人爱听的赞美

　　我们身边的每个人，当然也包括我们自己，都希望受到周围人的赞美，希望自己的价值得到肯定。虽然我们都处于一个极小的天地，却认为自己是小天地中的重要人物。

　　星云大师说，对于肉麻的奉承，我们会感到恶心，然而又渴望得到对方由衷的赞美。

　　19世纪初，一个穷困潦倒的英国青年一篇又一篇地向外投寄稿件，却一篇又一篇地被编辑退回。正当他快要绝望时，他意外地收到了一位编辑的来信，信很短："亲爱的，你的文章是我们多年来梦寐以求的作品，年轻人，坚持写下去，相信你一定会成功的!"正是这几句赞美，给了绝望的青年以勇气、力量和信心。他坚持了下来，几年之后，这位年轻人成为了一代文学巨匠，他就是狄更斯。

　　也许，那位编辑压根儿就没有想到，就是他那封三言两语的信，竟让一个人绝处逢生。

　　还有一位作家达尔科夫，他在孩提时代极为胆怯、害羞，几乎没有什么朋友，对什么事都缺乏自信。一天，他的老师给他们布置一项作业，就是给一篇小说写续文。现在他已无法回忆他写的那篇续文有什么独到之处，或者老师给的评分究竟是多少，但他至今仍清楚地记得，老师在他的作文的页边空白处写了四个字："写得不错。"这四个字改变了他的人生。在中学剩余的日子里，他写了许多短篇小说，经常将它们带给这位老师评阅。在她不断给予的鼓励下，达尔科夫成为了中学报纸的编辑，最终成为了一名作家。

"一句赞美的话能当我十天的粮。"马克·吐温的这句话形象地说明了赞美的作用和力量。人类天性渴望认同，每个人天生都渴望得到他人的赞赏；同样地，也都惧怕责难。美国第十六任总统林肯说："人人都需要赞美，你我都不例外。"心理学家威廉·詹姆斯说："人性中最本质的愿望就是希望得到赞赏。"

赞美对影响他人有着一种神奇的力量。行为专家认为，赞美是一些行为发生联系的东西，它能促使某种行为重新出现。当大脑接受到赞美的刺激，大脑皮层形成的兴奋状态调动起各种系统的积极性，潜在的力量能动地变成了现实，行为就会发生改变。

在生活中，很多时候，一个微笑，一句赞美，一句鼓励，再简单不过，给人的感受却温暖如三月的阳光。所以，请不要吝惜你的赞美。

但是，怎样才能做到会赞美呢？

（1）真诚是前提

赞美应该以真诚为前提。虚假的赞美不仅达不到想要的结果，还会让人认为是讽刺挖苦或者是溜须拍马，让人反感。俗话说："心诚则灵。"真诚的赞美来自内心深处，是心灵的感应，是对被赞美者的羡慕和钦佩，能使对方受到感染，发出共鸣。

（2）具体是真谛

赞美应该是针对某个人或者某件事而言的，空洞的赞美只会让人觉得你很虚伪。过于笼统、过于空泛、过于抽象、缺乏具体内容的赞美会让人感到不舒服。例如，第一次见到某人，就对别人大加赞美："你真是个无比聪明的、了不起的人物啊。"这样的话，会让别人对你的第一印象大打折扣。如果在赞美之前加上一些定语，把要赞美的话语具体化，效果就会大有不同。"听说你的文采不错，思路开阔，文笔犀利，切中要害，你真是个才子呀！"

（3）准确是灵魂

赞美时不要张冠李戴，更不能闹出笑话。一个妈妈赞美别人的儿子英语比自己的儿子好："你看人家某某，比我们家老二强多了，不用说 26 个字母，就连 48 个音标都背得滚瓜烂熟。"这样的赞美真是让人哭笑不得。

（4）及时是雨露

人人都需要被赞美，这是人性使然。当下属工作有突出表现时，上司要及时给予赞美；当孩子考试成绩有进步时，要及时给予赞美；当朋友有了某方面的成就时，要及时给予赞美。这样，你的人际关系就会越来越好。

4.会倾听的耳朵胜过能言的嘴巴

星云大师认为：一对会倾听的耳朵胜过一张能言善辩的嘴。事实上，倾听是获得他人好感的关键，用心地倾听他人话语胜过在众人面前口若悬河、滔滔不绝。

在一个久远的年代和一个不知道名字的国度，有个整日坐在王座上的国王。一天，他收到了邻国王子送来的 3 个一模一样的金人，使者说他的王子要请教国王一个问题：3 个金人哪个最有价值？回答正确的话，这 3 个金人将全部归国王所有。这可有点难住国王了，因为无论是称重量还是看做工，它们都是一模一样的。

最后，一位智慧的老臣拿着 3 根稻草走上前去，他把第一根稻草插入第一个金人耳朵里，稻草从另一边耳朵掉了出来；然后，他又将一根稻草插入第二个金人的耳朵里，结果稻草从嘴巴里掉了出来；最后，他把第三根稻草插入第三个金人耳朵里，稻草掉进了肚子里。

老臣说："最有价值的是第三个金人！第一个金人是左耳朵进，右耳朵出；第二个金人是用耳朵听了，用嘴巴说出来；只有第三个金人用心去倾听。"使者默默无语，显然，答案是正确的。

那些整日在他人面前喋喋不休的人，总显得夸夸其谈、油嘴滑舌，话说多了，还有可能祸从嘴出。而静心倾听就没有这些弊病，而且益处颇多。用心倾听别人说话，别人就会觉得你谦虚好学、诚实可靠、善解人意。善于倾听的人常常会有意想不到的收获：刘玄德因为恭听诸葛亮之言，而问鼎三国；蒲松龄因为虚心听取路人述说，写下了《聊斋志异》；唐太宗因为能够倾听魏征等人直谏，成就了大唐盛世。

一个不懂得用心倾听的人，通常也是不尊重别人观点和立场、孤傲自大的人，这种人无可避免地会成为他人反感的对象。用心倾听是对说话者的尊重，它不仅是维系人际关系、保持友谊的有效途径，更是解决矛盾冲突和处理抱怨的好方法。

这日，刚工作不久的兰兰在一个小店里买了一件连衣裙，但不久她发现衣服起褶得厉害，于是，她拿着裙子来小店退换。她想跟售货员说说事情的经过，但售货员总是打断她的话。"我们卖了几十件这样的裙子，您是第一个找上门来抱怨衣服起褶的人。"兰兰听了很生气，二人因此吵了起来。

正在此时，老板娘来了。她很内行，她向兰兰询问事情的经过。兰兰说话的时候，她一句话没讲，很安静地听兰兰把话讲完。之后，她也听了听自家售货员的观点，听完后，她就开始反驳售货员，并帮兰兰说话。她不仅指出了裙子起褶的问题，还强调说店里不应当出售使顾客不满意的货品，应该立即退回厂家。当然，她也承认她不知道裙子为什么出现问题，"您想怎么处理？我尊重您的意见。"她对兰兰说。

兰兰仍旧要求退货，她爽快地答应了。兰兰觉得心里有一丝愧疚，就换买了另一条裙子。自此，这家店完全获得了兰兰的信任，她也成了小店的常客。

只有很好地倾听别人，才能构建稳定的人际关系。凡是高明的谈话者，都有很好的倾听素质。他们在听别人说话的过程中，能够体察别人的感情，体谅别人的难处，宽恕别人的错误，容忍别人的缺点；他们有耐心，能够长时间地听取别人零乱、不成熟甚至是语无伦次的谈话；他们还有一颗谦虚、吸收性强的学习心，能够从别人的谈话中找到要害，用别人的思想来提升自己；他们又都是有趣的人，偶尔听到别人说出有趣的话，就会心地笑，当别人讲出一些经典话语，就连连点头。由于具备这种素质，高明的谈话者往往能深刻洞察别人的心思，他说出口的话自然能深入对方内心。

希腊斯多噶派哲人芝诺说："我们之所以长着两只耳朵一张嘴，是为了多听少说。"当一个青年向他滔滔不绝地说话时，他打断说："你的耳朵掉下来变成舌头了。"

确实有许多能言会道的人，他们的嘴是身上最发达的器官，无论走到哪里，嘴巴都是他身上最锋利的武器。他们只想表达自己，却很少有心情倾听他人。虽然他们算得上一等一的话痨，和别人交流的机会也非常多，但他们并不了解别人，人缘一般。他们说得越多，了解别人的机会就越少。

只有让对方多说，了解他的机会才会越多。而越了解一个人，你就越能赢得他的好感，他就越愿意与你打交道。

纽约大学的社会学专家达尼尔格兰做过这样一个实验：他把每三个女大学生分成一组，每一组由两名同校女大学生和另外一名外校女大学生组成，让她们进行十分钟的交谈。在这个谈话过程中，因为三人中有两人是同一所大学的，所以大家谈话的时候就会忽视另外一名。结果，正常对话的同校女大学生在交流中使用的重音占谈话的 11%，而被忽视的那名外校女大学生的对话重音达到了 41%。而且，在这些被忽视的外校女大学生中，也就是重音使用达 41% 的女大学生中，有一半人感到自己性格内向。

这个试验说明，当两个同校女生毫不顾忌地说话时，会夺走另一个外校女生的发言权，导致她因内心不舒服而出现说话声音增大的现象，这表明她产生了一种消极的情绪。

因此，与人聊天的时，别只顾着自己说，也要问问别人："你是怎么认为的?"多听别人说，引导别人多说，才是有效的沟通之道。

想做一个高明的谈话者，还是想做一个滔滔不绝但令人反感的人，由你自己决定。

5.不妄语，人无信不立

"君子一言，驷马难追"，讲的是做人的信用度。一个不讲信用的人，是为人所不齿的。现在的生意场上，公司、企业做广告做宣传，树立公司、企业在公众心中的形象，就是想提高公司、企业的信用度。信用度高了，人们才会相信你，你办事才会更容易成功。

信用是个人的品牌，是办事的无形资本。有形资本失去了还可以重新获得，无形资本一旦失去了就很难重新获得了。所以，办事再困难，也不能透支无形资本。

诸葛亮有一次与司马懿交锋，双方僵持数天，司马懿就是死守阵地，不肯向蜀军发动进攻。诸葛亮为安全起见，派大将姜维、马岱把守险要关口，以防魏军突袭。

这天，长史杨仪到帐中向诸葛亮禀报："丞相上次规定士兵100天一换班，今已到期，不知是否……"诸葛亮说："当然，依规定行事，交班。"众士兵听到消息立即收拾行李，准备离开军营。忽然探子报魏军已杀到城下，蜀兵一时慌乱了起来。

杨仪说："魏军来势凶猛，丞相是否把要换班的4万军兵留下，以退敌急用。"诸葛亮摆手说："不可。我们行军打仗，以信为本，让那些换班的士兵离开营房吧。"众士兵闻言感动不已，纷纷大喊："丞相如此爱护我们，我们无以报答丞相，决不离开丞相一步。"蜀兵人人振奋，群情激昂，奋勇杀敌，魏军一路溃散，败下阵来。

诸葛亮向来恪守原则，换班的日期来到，即毫不犹豫地交班，就是司马懿来攻城也不违反原则。以信为本，诚信待人，终于成就了他。

顾炎武曾以诗言志："生来一诺比黄金，那肯风尘负此心。"表达自己坚守信用的态度。言必信，行必果，不但是对别人的尊重，更是对自己的尊重。

当朋友托我们办事时，能做到当然最好，如果不能，就不要一口应承下来，不要做"言过其实"的许诺。因为，诺言能否兑现，除了个人努力的问题，还有一个客观条件的因素。平时可以办到的事，由于客观环境的变化，一时又办不到了，这种情形是常有的事。因此，在朋友面前不要轻率地许诺，更不能明知办不到还打肿脸充胖子，逞能许下"寡信"的"轻诺"。当你无法兑现诺言时，不仅得不到朋友的信任，还会失去更多的朋友。

有一个年轻人在银行工作。他过去的老师想开一家公司，却缺少资金，便去问他能不能帮忙贷款。他想："这是老师第一次找自己帮忙，怎么能拒绝呢？"当即一口答应。可是，他毕竟刚参加工作不久，还没取得可以帮忙的资历，老师的贷款请求又不完全合乎规章，所以，当老师租好门面，请好员工，等着资金开业时，他这里却拿不出钱来，搞得很被动。老师大怒，责备他说："你这不是捉弄我吗？你即使不想帮我，也不该害我！"他能说什么呢？只好忙不迭地道歉。

有些人因为不好意思拒绝别人而向他人承诺，而有些人则因为喜欢胡乱吹嘘自己的能力，随随便便向别人夸下海口，承诺自己根本办不到的事情。结果不但事情没有办成，自己的人缘也搞臭了。

某厂职工小方，经常向同事炫耀自己在市房管所有熟人，能办房产证，而且花钱少、办事快。刚开始，人们还信以为真，有些急于办理房产证的同事便交钱相托，但时过多日，不见回音，问到小方，他说："近来人家事儿太多，再等等。"拖得时间长了，同事们对他的办事能力产生了怀疑，便想向他讨回钱，他找理由说："谋事在人，成事在天，懂不懂？你的事儿虽然没办成，可我该跑的跑了，该请的请了，你不能让我为你掏腰包吧？"言下之意，钱没了。

从此以后，小方的话再也没人信了，以至于人们在闲暇聊天时，只要小方往人群里一站，大伙好像有一种默契似的，始而缄默不语，继而纷纷散去。

既然许下诺言，就不能反悔。所以，干脆不要轻易向人承，这是不失信于人的最好方法。这不仅是一个主观上愿不愿意守信的问题，也是一个有无能力兑现的问题。一个人经常答应自己无力完成的事，当然会使别人一次又一次失望。

6.闲谈莫论人非

星云大师说：嘴巴，可以是吐放剧毒的蝎子，令人生畏远避，也可以像柔软香洁的花苑，散发清和喜悦，为人间邀来翩翩的彩蝶。

《吉祥经》就说："言谈悦人心，是为最吉祥。"

每个人都有自己的生活环境，环境导致每个人的处世原则与方法存在着差异，这就好比穿鞋，倘若我们不穿上别人的鞋，怎么会知道别人的脚是舒服还是痛苦呢？

经过第二次世界大战，苏联在建国初期相当贫穷，购买大部分东西都必须排队。

有一个穷人，为了招待他的外国友人，正兴致勃勃地卖力打扫自己的房子。正当他卖力清扫的时候，唯一的一把扫帚却被弄断了。他愣了大约有一分钟，才回过神来，顿时跌坐在地上，号啕大哭起来。

这时，他的几个外国朋友正好赶到，见到他望着断掉的扫帚痛哭不已，纷纷上前来安慰。

经济强盛的美国人道："唉，一把扫帚又值不了多少钱，再去买一把不就行了，何必哭得如此伤心呢？"

知法守法的英国人道："我建议你到法院去，控告制造这柄劣质扫帚的厂商，请求赔偿。反正官司打输了，也不用你付钱啊！"

浪漫成性的法国人道："你能够将这柄扫帚给弄断，像你这么强的臂力，我连美慕都还来不及呢，你又有什么好哭的啊？"

务实的德国人道："不用担心，大家一起来研究看看，一定有什么方法能将扫帚黏合得像新的一样，我们一定可以找到方法！"

最后，可怜的穷人哭着道："你们所说的这些，都不是我哭的原因，真正的重点是，我明天必须去排队才可以买到一把新的扫帚，不能搭你们的便车一起出去玩了。"

每个人都有着自己的既定立场，也因此而习惯于执著在本身的领域中，忘却了别人也和自己一样，有着他自己特殊的一面。永远不要用自己的思维去审视别人，更不要用我们的想法去评价别人。

人的脸上，有两个眼睛、两个耳朵、两个鼻孔，却只有一张嘴巴，这奇妙的组合，蕴涵着很深的意义，就是告诫人们要多听、多看、少说。

《伊索寓言》中有句名言："世界上最好的东西是舌头，最坏的东西还是舌头。"中国还有句谚语："背后骂我的人怕我；当面夸我的人看不起我。"因此，人要懂得"祸从口出"的道理，管住自己的舌头。

范雎在卫国见到秦王，尽管秦王求教再三，他都沉默不语；诸葛亮在荆州，刘琦也是多次请教，诸葛亮同样再三不肯说。最后到了偏僻的一座阁楼上，去了楼梯，范雎和诸葛亮才分别对秦王和刘琦指示今后方向。所以，历史上的"去梯言"，就表示慎言的意思。

东晋时代的王献之，一日偕同两个哥哥王徽之、王操之去拜访东晋当代名人谢安。徽之、操之二人放言高论，目空四海，只有献之不肯多说。三人告辞以后，有人问谢安，王家三兄弟谁优谁劣？谢安淡淡说道：慎言最好！

生活中，有人喜欢饶舌，但也有人习惯于慎言。饶舌的人常常会吃亏；慎言的人，比较不容易受到伤害。

艾子发高烧，梦游到阴曹地府，正见阎罗王升堂问事。有几个鬼抬上一个人，说："这人在阳世，干尽了缺德事。"

阎王命令道："用100亿万斤柴火烧煮。"马面鬼上来押解。

那人私下里探头问马面："你既然主管牢狱，为何穿着这么破烂的豹皮裤子呀？"

马面说："阴间没有豹皮，如果阳间有人焚化才能得到。"

那人立即说："我姑姑家专门打猎，这种皮子多着呢，如果你肯怜悯我，减少些柴，我能够活着回去，定为你焚化 10 张豹皮。"

马面大喜，答应减去"亿万"两字，煮烧时也只是形式而已。

待那人将归时，马面叮嘱道："千万不要忘了豹皮呀！"

那人回头对马面说："我有一诗要赠送给你：马面狱主要知闻，权在阎王不在君，减扣官柴犹自可，更求枉法豹子皮。"

马面大怒，把他又投入滚沸的水锅里，并加添更多的柴煮了起来。

艾子醒后，对他的徒弟们说："必须相信口是祸之门啊！"

一个成熟的人知道什么话该说，什么话不该说；有些话，什么时候该说，什么时候不该说。为我们的嘴巴洒几滴馨香的甘露吧，让我们的言行种几棵芬芳的树吧！让它行列井然，终日咏快乐，生活在美妙的欢乐园。

7.说"不"是你的权利

在生活中，我们要学会拒绝别人过分的要求、无理的纠缠、恶意的怂恿、各种满布陷阱的诱惑……拒绝一切应该拒绝的东西，能使我们剔除懦弱和优柔寡断，使我们学会坚强和果敢，让我们的心更明、眼更亮、路更宽！

星云大师认为：对于一些不情愿的事情，一定要果断拒绝。说"不"是你的权利，如果你不懂得利用这个权利，就会陷自己于不仁不义中，双方都难以接受它造成的后果。

英国作家毛姆在小说《啼笑皆非》中讲过这么一段耐人寻味的故事——一位小人物一举成为了名作家，新朋老友纷纷向他道贺，成名前的门可罗雀同成名后的门庭若市形成了鲜明的对比。

毛姆为我们描写了这样一个场面：一位早已疏远的老朋友找上门来，向他道贺，怎么办呢？是接待他还是不接待他？按照本意，自己实在无心见他，因为一无共同语言，二来浪费时间，可是人家好心好意来看你，闭门不见似乎说不过去，于是只好见他。见面后，对方又非得邀请他改日到他家去吃饭。尽管他内心一百个不乐意，但盛情难却，他不得不佯装愉悦地应允。在饭桌上，尽管他没有叙旧之情，可是又怕冷场，于是又强迫自己无话找话。这种窘迫可想而知……来而不往非礼也，虽然他不愿意再同这位朋友打交道，但他还是不得不提出要回请朋友一顿。他还得苦心盘算：究竟请这位朋友到哪家饭店合适呢？去第一流的大酒店吧，他担心他的朋友会疑心自己是要在他面前摆阔；找个二流的吧，他又担心朋友会觉得他过于吝啬……

面对别人的请求，当你有时间并且有能力的时候，不要轻易拒绝。但没有人是万能的，当你真的力所不能及的时候，就不要碍于面子，不好意思说"不"。如果硬撑着答应，将来误了事，那才不好收场。

在工作中，领导让你做某事时，你要认真地考虑好，这件事自己是否能够胜任。把自己的能力与事情的难易程度以及客观条件是否具备结合起来考虑，然后再决定是否去做。

孙刚刚到某中学任教，正巧赶上市教委到该校抽人，拟对全市中学进行实地考察，并写出调查报告。因孙刚还没有安排授课，就抽了他去。起初，他感觉为难，心想自己不仅对本市中学教育情况不熟悉，就是对教育工作本身，自己刚刚走出校门，又能知道多少呢？他本不想参加，无奈校长已经开口，实在不好拒绝，只好勉强服从。

转眼间，一个半月过去了，别人都按分工交了调查报告，唯有他由于不熟悉情况，又缺乏经验，对自己分工调查的三个中学连情况都没摸清，更不用说分析了。市教委主任很恼火，责备该校校长，怎么推荐了这么一个人。孙刚面子上觉得过不去，又气又羞愧，一下子病倒了，在床上躺了两个星期。

孙刚由于当初不好意思拒绝，最终面子难保，身心都受到了伤害。作为下级，在领导提出要求时，虽然不乐意，但又不好意思拒绝，但是你没有考虑到，如果为了一时的情面接受自己根本无法做到的事，一旦失败了，领导就不会考虑到你当初的热忱，只会以这次失败的结果对你进行评价。如果你认为对上级拜托你的事不好拒绝，或者害怕拒绝会引起领导不高兴而接受下来，那么，此后你的处境就会更艰难。

拒绝别人的要求确实是件不容易的事，大家都有体会。央求人固然是一件难事，而当别人央求你，你又不得不拒绝时，也很叫人头痛。不过，当你经过深思熟虑，倘若答应对方的要求会给你或他带来伤害，那就应该拒绝，而不要为了面子问题做出违心的事，那样对双方都没有益处。

8.好话也要在恰当的时机说

　　说话是一种艺术，也是一门学问。学问深了，便能受益匪浅；学问不深，就要处处碰壁，做不成好人，更做不成大事。

　　所谓学问，最基本的就是要知道什么话该说，什么话不该说，什么场合该说什么话，什么场合不该说什么话。这看似简单，可是做起来却没那么简单，很多人都吃了这方面的亏，最终懊悔不已。

　　古人讲："山不在高，有仙则名；水不在深，有龙则灵。"说话也是如此，话不在多，点到就行；话不在好，时机对就行！

　　掌握好说好话的时机，是每一个人必修的一门课程，因为如果你说的不是时候，即便你的话再好、再动听，不仅起不到好的作用，还会给你带来反面的效果。因此，要学会根据对方的性格、心理、身份以及当时的氛围等一切条件，考虑自己说话的内容。

　　我们经常能看到这样一幕：一个人在那里口若悬河地讲，可对方却紧缩眉头，对这个人说的话题一点都不感兴趣，即便对方一直在夸奖他。到最后，无奈之下，只得找个借口偷偷溜掉。

　　这就是一个时机问题。不管一个人说话的内容有多精彩，如果时机掌握得不好，就无法达到有效说话的目的。因为作为一个听者，他的内心往往会随着时间的变化而变化，他们并不是在所有时候都喜欢听同一个话题，或者说，在很多时候，他需要其他的话题甚至需要沉默来调配自己的生活。

　　一个人的一生不能只听一个话题过日子，也不可能只是一个心情永远保持不变。如果你要让对方愿意听你讲话，或者接受你的观点，你就得学会选择适当的时机并且把握这个时机，在适当的时机说适当的话。犹如一个参赛的棒球运动员，即便他有良好的技术、强健的体魄，但如果他没有把握住击球的那个决定性瞬间，偏早或偏迟，棒就会落空，比赛也会输掉。

因此，时机对一个想让自己变得优秀的人来说是非常重要的。但是，何时才是这"决定性的瞬间"，怎样才能判明并及时抓住时机，并没有一定的规则，主要根据谈话时的具体情况而定，比如对方的心情、当时的环境等一系列因素。

中国是一个讲究中庸的国家，凡事都喜欢恰到好处，过了或者不及都不是完美的表现，说好话也是如此。

对话是双方进行交际的基础，双方有对话才有交流，有交流才能产生情感。一次成功的交谈就像一场大家配合默契的接力赛，每个人都是这个集体接力的一员，既要接好棒，也要交好棒，谁都不能懈怠。棒在自己手上时，要尽心尽力跑好；棒在他人手上时，不妨为之加油喝彩。这个接力棒就相当于说话时的话题，如果把交谈变成一个人的独白，尽管你讲得眉飞色舞、口干舌燥，也没有人会为你鼓掌喝彩。因此，交流时要善于选择双方都感兴趣的话题，这样就能更好地交流，不管是说好话还是说不好的话，对方也都能比较容易接受。

另外，在交谈双方中，由于各人的阅历不同，对事物的认识也就不尽一致，各人观点的分歧、碰撞、交锋在所难免。因此，在这种时候说好话，就得根据对方的阅历和对事物的认识做出相应的调整。比如说，一个阅历不高、对事物认识比较浅显的人，对他说好话就必须降到他那个相应的水平，不能说大话，不能说空话，否则，对方就会认为你是在拿他开涮；相反，如果是一个高阅历、对事物有着自己认识的人，就必须用一些高层次的好话来满足对方的虚荣心，这样就能给对方留下一个比较深刻的印象。但是，这一切的前提都是在适当的时机才能这么做，不能在对方心情不好，甚至是工作不顺利的时候去说，否则就会适得其反。

最后要注意的是，在交谈过程中，每个人都有表现欲，有被发现、被承认、被赞赏的内在心理需求。因此，在和对方交谈的时候，一定要满足对方的这种欲望，不能一味地跟对方说好话，要适当地留一点空间给对方慢慢地品味你的好话。就像吃一道美味佳肴一样，必须要留足够的时间来品，不能像是口渴喝白开水一样驴饮。

乔治是美国加利福尼亚州鼎鼎有名的大亨，资产超过10亿美元。某年，他与商业伙伴戴维从加州飞到中国某大城市，准备在那里投资建厂，因此，他需要寻找合作伙伴。经过多方努力，三天后，乔治终于坐到了谈判桌前，和他谈判的对象是中国某一大型企业的领导。这位领导之所以能坐到谈判桌前，就是因为他的精明能干和通晓市场行情的本领令乔治颇为欣赏。特别是当乔治听了这位领导对合资企业的宏伟设想后，他似乎已看到了合资企业的光辉前景。可是，正准备签约的时候，这位领导忽然颇为自豪地说道："我们企业拥有2000多名职工，去年共创利税700多万元，实力是绝对的雄厚……"

听到这儿，乔治立刻呆滞了。他暗暗地掐指一算：700万元人民币折成美元是90余万，一个2000多人的企业一年才赚这么点儿钱，而这位领导居然还表现得十分满意。如此看来，合作以后的企业很可能会让自己失望，因为离自己预订的利润目标差距实在太大了，还好合同还没签。最终，乔治终止了合作谈判。

　　眼看马上就要到手的投资就这样飞了，原因仅仅是因为一句话，而且是一句好话。这只能说明这个领导说话没有找对时机，最终也因为这个问题而失去了一笔很大的投资。

　　好话并不是什么时候都适用，也不是什么时候都能给自己带来好处，要看时机。时机对了，那就是力量；时机不对，那就成了阻碍！

第九章

九修：
所交皆君子，同道方为朋

　　佛陀弘法时处处宽容那些迫害、诬陷、加害他的人，同时以自己骨肉的割舍，促使伤害他的人有所警觉，在成佛之后，第一个度的人便是自己的朋友。

——星云大师

1.君子之交淡如水

星云大师说，亲密的友谊，可以不拘礼节，此乃理所当然。但是，话虽如此，并非就此容许踏入他人绝对禁止入侵的领域。无论彼此的关系如何，都必须保持某种程度的礼节。

《庄子·山木篇》记载，春秋末年，孔子因为再次被逐于鲁国，不得不在宋、卫等国流浪，到处受到冷落，朋友们都渐渐与他疏远了。孔子在历经挫折之后，向隐者请教：是什么原因形成了这种窘境？

隐者告诉他：君子之交淡如水，小人之交甘如醴。人与人相交，以势力相合的人，在穷迫祸患之际，必然负心相弃；不计较势力，真正的朋友才能够长相处。

水是人们日常生活中不可或缺的东西，虽然它没有诱人的芳香，却常饮不厌；甜酒虽然美味可口，却容易使人陶醉。朋友之间的关系若达到最高境界，那就是一种极纯真的平淡关系，平平淡淡才是真。

北宋宰相司马光推荐刘元城到集贤院供职。有一天，司马光向刘元城说："你知道我为什么推荐你吗？"刘元城说："是因为我和先生往来已久罢！"原来，刘元城中了进士后，没有马上进入仕途，而是跟着司马光学习了一段时间。司马光说："不对，是因为我赋闲在家的时候，每到时令节日，你都会来信或者亲自来看我，问候不断。可是我当宰相以后，你却没有一封书信来问候我，这才是我推荐你的缘故。"

朋友之交，不是因为对方的财富地位，也不因为出众的容貌，而是一种心灵的接受，一种精神世界的相通，也许是一个机遇、一次偶然的相识，也许很普通，平淡得让人觉得没什么不同。真正的朋友不是找机会就麻烦、打搅对方，而是静静地远距离注视着对方，当他需要时及时伸出援助的手。这就是"淡如水"的君子之交。

君子之交，源于互相宽容和理解。在这理解中，互相不苛求、不强迫、不嫉妒、不黏人，所以在常人看来，就像白水一样淡。

距离产生美，虽然好朋友可以亲密无间、朝夕相处，但也应给彼此留一个适度的空间。要尊重对方，不要妄意打探朋友的隐私，对朋友不愿多说的事不应刨根问底，更不能在别人面前说三道四。每个人都有自己相对独立的生活，有人总想介入朋友的生活，这种行为就好像紧靠在一起取暖的两只愚蠢的刺猬，只想得到彼此的温暖，却忘了自己身上长满了利刺，结果双方都被扎得体无完肤。

朋友间应保持适当的距离，怀着关切的目光在旁边默默注视着他，关心着他，绝不过多干涉对方的生活，而在他需要的时候挺身而出，为他排忧解难，像一场及时雨一样滋润着朋友的心田，令他倍感轻松。这才是真正的朋友。

沈辰与任娟是一对好姐妹。以前她们是同事，自从结婚后，两个人的关系也随着发生了变化，变成了闺蜜。

一直以来，沈辰的感情都不是很顺利。在与丈夫谈恋爱的时候，她就曾想过分手，可任娟听了之后说现在大龄女人很难找对象，分了再找就晚了。沈辰听了感觉也是如此，于是就结婚了。

如今，沈辰丈夫三天两头见不到踪影，经常在外面花天酒地，还养了一个情人。这些事情让沈辰无法忍受，她坚决地同丈夫离了婚。

她本就因为这段失败的婚姻而痛苦，不想再提起，但任娟却常常"提醒"她："你怎么那么傻？女人，谈恋爱的时候双眼一定要瞪大点，仔细找一个好老公，结婚之后就要睁一只眼闭一只眼。哎！感情就这回事，忍一忍就过去了，谁知道你都不通报一声就离婚了。你看现在一个人难过了吧……"

任娟对他们感情的这一番评论，让沈辰听傻了，她万万没有想到，任娟不是安慰她，而好像是在责备自己没有看好老公，离婚之后过的生活都是自找的。

"离婚是我自愿的，为什么要通报你们，感情是我的，不需要你们的评论。当初你为什么不劝我别嫁给他呢？"

不要触及朋友的感情问题，因为你的评论不可能站在两个人的角度上去考虑，也无法一个人体会着两个人截然相反的感受，更不可能感受到他们由相爱到分手、海誓山盟变为分道扬镳的整个过程，所以，你的评论是不客观、不切实际的。评论朋友感情的是与非对于你来说没有一点好处，反而会为你们的友情添加伤痕。

每个人都有自己的生活方式，无论关系都亲近，都不要过多干涉朋友的爱恨。就算怀有很好的期许，有些话点到为止才是起码的尊重。

距离产生美感，朋友之情再深，也不必天天黏在一起，因为相距越近，越容易挑剔对方的缺点和不足，忽视对方的优点和长处，长此以往，会产生矛盾摩擦甚至导致断交。对朋友要"敬而无失"，如果朋友之间保持一定的距离，可以使彼此忽视对方的缺点，而发现对方的优点和长处，并对对方有所牵挂，这样友谊就才能长久维持下去。

如果两个好朋友在事业上能够志同道合，在生活上能够互相关心，而在私人生活上又相对独立，彼此不打扰对方喜欢的生活，那才是一种高尚的友谊，相信这也正是我们作为别人朋友所要追寻的境界。

2.秉持"宁缺毋滥"的交友原则

交到好的朋友，不仅可以得到情感的慰藉，而且朋友之间可以互相砥砺，相互激发，共赴患难，成为事业的基石。朋友之间，无论志趣，还是品德、事业，总是互相影响的。

一个人一生的道德与事业，都不可避免地受到身边人的影响。从这个意义上可以说，选择能让自己上进的朋友就是选择一种积极向上的人生。

天文学家张衡的成就，与他一批优秀的朋友有着极大的关系。

张衡在青年时代便与当时极有才华的青年人马融、窦章、王符、崔玻成了知己。其中的崔玻，对天文、数学、历法都很有研究。在与张衡的交往中，两个人经常一起探讨问题，这给张衡的帮助很大。张衡后来在天文学、物理学方面的伟大成就，有崔玻的不少功劳。

星云大师认为：朋友不是用数量来衡量的，就算你有一堆朋友，如果这些人个个都是酒肉之徒，那么他们非但不会给予你任何帮助，反而会把你拖下水，这样的朋友不要也罢。交友要秉持"宁缺毋滥"的原则，好朋友多多益善，坏朋友敬而远之。

"苍蝇不叮无缝的蛋"，之所以那些人品有问题的人会成为我们的朋友，主要原因还是在于我们自己没有把握好交友的尺度，在交友的过程中忽略了对人品的考察，因一时的小恩小惠而与这样的人结成朋友。与这类人长时间交往下去，我们也会逐渐堕落，丢掉做人的原则，从而走上错误的道路。因此，结交有益的朋友是十分必要的。

洪应明说："教弟子，如养闺女，最要严出入，谨交游。若一接近匪人，是清净田种下一不净的种子，便终生难植嘉禾矣。"

朋友与书籍一样，好的朋友不仅是良伴，也是我们的老师。

第一次世界大战中，法兰西的陆军元帅福煦曾说过："青年人至少要认识一位善通世故的老年人，请他做顾问。"萨加烈也说过同样的话："如果要求我说一些对青年有益的话，那么，我就要求你时常与比你优秀的人一起行动。就学问而言或就人生而言，这是最有益的。学习正当地尊敬他人，这是人生最大的乐趣。"

当然，要与优秀的人缔结友情，跟第一次就想赚百万美元一样，是相当困难的事。这并非是因为伟人们的超群拔萃，而在于你自己容易忐忑不安。其实，事情并不像你想象的那么困难，你完全叮以无所顾虑地和地位较高的人亲近。

美国有一位名叫阿瑟·华卡的农家少年，在杂志上读了一些大实业家的故事，很想知道得更详细些，并希望能得到他们对后来者的忠告。于是，他跑到纽约，早上7点就到了威廉·亚斯达的事务所。

亚斯达觉得这个莽撞的少年有点讨厌，但一听少年问他："我很想知道，我怎样才能赚得百万美元？"他的表情便柔和了很多。两人谈了很久，随后，亚斯达还推荐他去拜访了其他实业界的名人。

华卡照着亚斯达的指示，遍访了一流的商人、总编辑及银行家。他得到的忠告对他赚钱也许没有多大帮助，但他们给了他自信。两年后，20岁的华卡成为了他曾做过学徒的那家工厂的所有者。24岁时，他成了一家农业机械厂的总经理，不到5年，他就如愿以偿地拥有了百万美元的财富。

不少人总是乐于和比自己差的人交往，因为和这样的人在一起，可以让你在同他的比较中获得自信，保持优越感和信心。可是，从不如自己的人身上显然是学不到什么的，它会让你丧失前进的动力，看不到自己与优秀之人的差距，成为一只井底之蛙。

所以，我们要多和那些人格、品行、学问、道德都胜过自己的人交往，尽量汲取种种对自己生命有益的东西。这样可以提高我们的理想和志向，激发出自己对事业更大的热情和干劲来。

当然，友谊也不是一厢情愿的事，朋友必须是互动的，你只有不断提升自己，才能在更高层次上结交更高的朋友。更重要的是，要重视朋友，做任何事情都不能以牺牲友谊为代价。

清末名臣曾国藩说过："一生之成败，皆关乎朋友之贤否，不可不慎也。"和优秀的朋友在一起，是一种精神文化的延伸，可以让自己增加知识，增长见识，增大胸怀，是快乐的源泉。所以，我们要多结交优秀的、能让自己上进的朋友，而对那些让我们停滞不前的人避而远之。

3.成佛之后，第一个度的人便是朋友

星云大师说，佛陀弘法时处处宽容那些迫害、诬陷、加害他的人，同时以自己骨肉的割舍，促使伤害他的人有所警觉，在成佛之后，第一个度的人便是自己的朋友。

爱和宽容是获得友情的基本原则。对于人际关系中的是是非非，我们应该多一些容人之量，少一些小肚鸡肠，对亲人如此，对朋友、同事甚至是陌生人也应如此。

人和人之间其实没有什么解不开的疙瘩，但由于相互之间的不宽容，彼此之间的隔阂才会越来越深。相反，如果彼此之间多一些宽容，所有人都可能成为朋友。

有个年轻人，毕业之后分到县城一所高中当老师。

他有一位嗜酒如命的同事，经常在醉酒之后惹是生非，所以很多人都对这个人退避三舍。只有这位年轻人从来不拒绝和这个人一起喝酒，并且尽力限制他酒后一切不合理行为，还会把他安全送回家中。

在这个年轻人的圈子里，有个性格非常暴躁还时常恶语伤人的朋友。在朋友相聚时，也许某人无意中说的一句话便会惹得他大发雷霆，甚至当场发作。这样一个炸弹人，谁也不愿意离他太近，只有这位年轻人依然同他保持着良好的友谊。

很多人对这年轻人的宽容之心表示不理解，甚至有人说："能和那种人交朋友，估计他自己也不怎么样。"但是，当这些人和这个年轻人真正接触过以后，又都觉得这个人非常值得交往。有些心直口快的人就对年轻人说："你还是离那些人远点为好，他们都不是什么容易相处的人。"这个年轻人笑了笑说："他们确实有许多缺点，不过我觉得都不是什么不可接受的毛病，只要宽容一些，他们也会慢慢改过来的。"

因为年轻人的宽容，他身边的朋友越来越多。每当社会上有什么新机会，大家都会推荐给他。每当他个人有什么重大举动，这些朋友都会积极支持，有钱的出钱，有力的出力，有智谋的出谋划策。这个年轻人也最终成为了一个功成名就的人。

若想朋友之间长久交往，温、良、恭、俭、让的谦和之德与礼貌之举是必不可少的。不过，朋友之间如果只是一味地重视礼让，不但贬低了自己，也丧失了原则，恐怕会更加糟糕。所以，朋友间的交往要恰如其分，不强交，不苟绝，不面誉以求亲，不愉悦以求合。

朋友之间在非原则问题上应谦和礼让、宽厚仁慈，多点糊涂；但在大是大非面前，则应保持清醒，不能一团和气。见不义不善之举应阻之正之，如力不至此，亦应做到不助之。如果明明知道有人在行不义不善之事，却因他是长辈、上司、朋友，即默而容之，这是一种很自私的趋避。

有时候，立定脚跟做人的确会冒风险，也可能会受到暂时的委屈，受到别人的不理解。但是，这种公正的品德最终会赢得人们的尊敬。如果是真心待人，就应该对他加以爱护，不但帮助他渡过重重难关，也要帮助他克服重重困难，天长日久，朋友们自然会了解你的为人和品格。

4.以同道为朋

所谓"物以类聚，人以群分"，人们在交往中，如果发现彼此志趣相投，自然会成为知己朋友；相反，如果随着交往的深入，发现双方的价值观有着天壤之别，即使彼此已经非常熟识，也会因为这种观念上的差异而分道扬镳。

管宁和华歆曾是一对非常要好的朋友，经常一起吃，一起住，一起读书。

有一次，他俩一块儿在地里锄草，管宁挖到了一块黄澄澄的金子，但他却一点也不在意，扔在一边，继续锄草；华歆看到了忙跑过来，激动地拿在手里，显出贪婪之色。管宁责备华歆说："钱财应该靠自己的辛勤劳动去获得，一个有道德的人不该贪图不义之财。"华歆不赞同他的说法，也不好意思说什么。

又有一次，他俩坐在一张席子上读书，外面忽然一片鼓乐之声，分外热闹。他们两个走到窗前一看，原来是一位达官显贵从这里经过。管宁回到原处继续读书，华歆却完全被这种张扬和豪华的排场吸引住了，书也不读了，跑到街上去看个仔细。管宁看到华歆的行为很失望。

等华歆回来后，管宁拿出刀子把他们共同坐的席子从中间割成两半，痛心地宣布："我们两人的志向和情趣太不一样了。从今往后，我们就像这被割开的草席一样，再也不是朋友了。"

人们对和自己相似的人容易看顺眼，容易成为朋友。相反，如果志趣不投，人和人就不容易成为朋友；即使本来是朋友，一旦发现志趣各异，也会变成陌路人。所谓"道不同不相为谋"，志趣迥异的两个人，无论相识多久，都如同两条平行线，不管靠得多近，永远没有交心的那一天。

心理学上把这称作相似性原则：人们往往喜欢那些与自己相似的人。这里所说的相似是指人们感知到的相似性，包括信念、价值观、态度和个性品质的相似性，外貌吸引力的相似性，年龄的相似性，以及社会地位的相似性等。

心理学家认为，跟与自己相似的人交往能够肯定我们自己的信念、个性品质和价值观，起到正面强化的作用，彼此在交往的过程中，也极少因为观念的相悖而发生争执和相互伤害。此外，一些相似的人容易共同组成一个群体，人们生活在这个团体中，可以团结一致对付外界的阻力，增强安全感和归属感。

假使我们来到一个陌生的环境，发现自己与周围的人格格不入，不妨尝试着"伪装"一下自己，表现出与他们相同的特质，这样会更容易被他们所接纳。

19世纪的画家梵·高出生于一个基督教牧师的家庭。25岁时，他来到比利时南部的矿区博里纳日传教，那里的人们都以做矿工谋生，穿着破烂的衣服，满脸煤灰。刚到那里的时候，梵·高担心自己不被他们接纳。

一天，梵·高到矿区捡了很多煤渣用来烧炉子。之后，因为时间紧迫，他来不及清洗满脸的煤屑，就登上了讲坛开始布道。出乎意料的是，他的布道很成功，受到了人们的普遍欢迎。当他回到住处，准备洗脸时候，猛然从镜子中看见脸上沾着一层厚厚的煤屑。"原来如此，"梵·高说道，"这就是他们认可我的原因所在。"从那以后，梵·高每天都往脸上涂煤灰，使自己看起来更像当地人。

当我们与他人初次见面时，通常会询问对方"是哪里人，学什么专业，在哪里高就"等一些问题。一问之下，发现彼此竟是同乡、同行、校友，便会顿生亲切之感。

很多人担心和一个陌生人交谈时，找不到共同的话题，其实人与人之间都有很多相似的地方，比如相似的经历、对某件事情的共同看法、喜好同一件东西等。只要你用心观察，或许就会发现你们原来喜欢同一种颜色，对同一本小说情有独钟，有一部电影让两人都曾经潸然泪下，喜欢午后到同样的一家咖啡厅里喝咖啡。慢慢地，随着谈话的深入，你会发现两人之间相似的地方越来越多，气氛也会越来越融洽。当对方对某件事发表了与你相似的看法，或者讲述了一段与你相似的经历时，你要适时地来一句："我也是这么想的，你与我真是太投缘了！""太巧了，我也去过那里。"有时，只要这么简短的一句话，就能够拉近彼此的心理距离。

于千万人之中遇见你，或许就因为一次投缘的谈话，让彼此觉得有那么多相似的地方，于是原本萍水相逢的两个人，相逢恨晚，引为知己。

5.欣赏对手的品质与人格

《最好的管理学》中提到：俗话说"伸手不打笑面人"，当你决定把对方看成朋友，当你用善意回应对方时，相信对方的敌意也会像冰雪那样在阳光下消融。请牢记，消灭敌人最好的办法就是让他成为你的朋友。

有位饲养员非常擅长与动物相处，无论它们多么凶猛，他总是有办法让它们服服帖帖，乖巧无比。人们都很羡慕他的本领，又非常好奇他为什么能做到与猛兽和谐共处。一位记者来采访他，他的答案很简单："因为我发自内心地喜欢它们呀，所以它们也回报我同等的喜爱。"

"难道发自内心的喜爱就能换来与动物的友好相处吗？"记者不相信他的说法，"我很喜欢大型犬，但是一靠近它们，它们就会冲我汪汪大叫。"

这位饲养员笑了："你靠近它们的时候想着什么呢？"

记者想了想，回答说："我总是很担心它们会扑上来咬我。"

"这就对了，你根本就不相信自己能和它们友好相处，在接触它们的时候，首先就产生了恐惧和提防的心理，做好了随时反击逃跑的准备。动物的感觉比人类更敏锐，它们一旦感受到你的恐惧和提防，自然就不会对你产生接纳之心，这样，你当然没法接近它们啊！"

听了饲养员的话，记者恍然大悟。

饲养员相信动物不会伤害他，因此在面对动物的时候，心中只有对动物的喜爱，没有一丝一毫的敌对情绪。这种友善驯服了猛兽，让它们能够与饲养员友好相处。

尊重对手就是尊重自己，这样不但能赢得对手的尊重与友谊，还能展示出你的度量与胸怀。我们要明白一点：或许我们在认识、立场、价值取向上各有不同，或许我们对彼此的生活习惯、行为方式看不顺眼，甚至我们就是水火不容的敌人，但这并不妨碍我们看清楚对手身上的优点和长处，也不影响我们欣赏对手的品质与人格。

球王乔丹在公牛队的时候，有一名叫皮蓬的新秀将他视为自己的劲敌，不但经常和他针锋相对，还时常对他冷嘲热讽，总说自己有实力超越乔丹，乔丹早晚要给自己让路之类的话。

面对皮蓬的敌意，乔丹并没有利用自己的影响力对进行他排挤打击，反而宽容相待，经常在球技上提点他、鼓励他。

有一次，两人在练习场上相遇，乔丹主动问皮蓬："你觉得我们俩谁的三分球投得好？"皮蓬撇了撇嘴，说道："我知道是你投得好，怎么，你这是对我炫耀吗？我早晚会超过你的。"

乔丹笑道："虽然我的三分球成功率是比你高一点，但我认为其实你投得比我好。"

皮蓬很吃惊地看着乔丹。乔丹解释说："我仔细观察过，你投球的动作流畅自然，总能把握最好的时机，这是我不具备的天赋。最重要的是，我只习惯用右手投篮，而你左右手都没有问题，以后你一定能超过我。"

皮蓬被乔丹的直率和真诚所感动，以后再也不对他冷嘲热讽了。

"如果你握紧两个拳头来找我，"威尔逊总统说，"对不起，我敢保证我的拳头会握得和你的一样紧。但如果你到我这儿来，说：'让我们坐下来一起商量，看看为什么我们彼此意见不同。'那么不久我们就会发现，我们的分歧其实并不大，我们的看法同多异少。因此，只要我们有耐心相互沟通，我们就能相互理解。"

6.逢人只说"三分"话

俗话说，"逢人只说三分话"，还有七分话不必对人说出。你也许以为大丈夫光明磊落，事无不可对人言，何必只说三分话呢？

对此，星云大师解释说，说话须看对方是什么人，对方不是可以尽言的人，你说三分真话，已不为少。所以，逢人只说三分话，不是不可说，而是不必说、不该说，与事无不可对人言并没有冲突。

说话有三种限制，一是人，二是时，三是地。非其人不必说；非其时，虽得其人，也不必说；得其人，得其时，而非其地，仍是不必说。

在同事中发展交情宜慎重，因为大家长期相处，交友不慎将影响你以后的处境。

起初，同事之间大多不会显露出对公司的意见，但俗话说得好，

"路遥知马力，日久见人心"，只要一起吃过几次饭，一些见识浅薄的人就很容易把自己的不满情绪倾诉给你听。对于这种人，你不应和他有更深的交往，只需做普通同事就可以了。

假如和对方相识不久，交往一般，而对方就忙不迭地把心事一股脑地倾诉给你听，并且完全是一副苦口婆心的模样，这在表面上看来很容易令人感动，然而，转过头来他又向其他人做出了同样的表现，说出了同样的话，这表示他完全没有诚意，绝不是一个可以进行深交的人。

"交浅言深，君子所戒"，所以，千万不要附和这种人所说的话，最好是不表示任何意见。

有些人唯恐天下不乱，喜欢散布和传播一些所谓的内幕消息，让别人听了以后感到忐忑不安。例如"公司将会裁员""公司将会改组""上司对某某人不满"等话语，都是这种人的"口头禅"，与这种人要保持距离，以免被其扰乱视听，或者让他卷入某些是是非非。

有的人喜欢盗用公司资源。所谓盗用公司的资源，不一定是指私用公司的文具或其他物质，也包括在工作时间做私人事务。许多人认为在公司里工资太低，因而总是想方设法抽出部分工作时间去办理私人的事情，作为自己在心理上的补偿。不要与这种人成为好朋友，否则一旦被上司发现，对你的印象就会大打折扣，认为你们是一丘之貉。

在公司中，有许多人为了保持现状，对一切事情都抱着"事不关己，高高挂起"的态度。他们凡事低调处理，不参与任何是非争执。这种人不容易相信别人，但还可以做朋友。假如能够打开他的心扉，进入他的心灵，也可能会成为知己。

和上面所说的那种人相反，还有一些人对公司很有感情，他从来不分上下班时间，都愿意呆在公司里工作，甚至会在公司里做一些私人的事情，好像把公司当成了家。这种人的最大特点就是把私人时间和工作时间完全混淆了，他们对此没有概念上的划分，工作起来非常刻苦。因此，一旦遇到加薪幅度不够理想或遭受老板批评这样的事情，他们就会感到委屈，并很激动地认为公司欠他太多。与这种人多接触，有助于你对公司有更多、更深的了解。但是，有一点必须记住——绝不效仿！

7.积累各行各业的朋友

现代社会中，拥有良好的社会关系就等于拥有比别人更多的机会。因此，在创业之前或创业过程中要有意识地积累各行各业的朋友。

星云大师在开讲人缘时说：你的人缘，包括你的朋友、亲人，还包括所有可以互相帮助的人。这些人有的是你的同事，有的受过你的恩惠，有的你倾听过他们的问题，有的你和他有着相同的爱好。人缘，不是一朝一夕就能建立起来的，它需要几年甚至十几年的培养。一个人在事业上、生活上的成功其实就如同一个政党的成功，要有许多人散布在适当的地方，你可以依赖他们，他们也可以依赖你。掌握了上面的原则，建立了牢固的关系网，就算不成功，离成功也不远了。

打造良好人缘关系的基本方法与原则如下：

（1）不轻易树敌

我们可能会遇到来自世界各地不同背景的人，环境变化很快，因此要有很强的应变能力。

素昧平生或者关系浅淡的人并没有义务在你需要的时候帮助你。假如有求于对方，就要用婉转的易于接受的方式提出。

首先寒暄，聊大家都关心的事情，最后在不经意间表达你的请求。无论谁，即使地位再高，也会在交往的过程中把对方视作朋友，如此做事才可能顺利。此外，要掌握说话的艺术，不能永远都用同一种方式说话，应对不同的人，要有不同的方式，否则稍不注意，就很容易得罪人。有了这样的意识，遇到人就会自动将他们分类，形成自己的一套待人处世的逻辑。

在交往过程中还可能会碰到各种类型的人，其中有你喜欢的，也有你不喜欢的。对于你喜欢的人，交往亲近起来非常容易，团结这些人并不难。问题的关键是，如何同你不喜欢的人建立良好的人际关系呢？

首先尽量找出他们身上的优点，并用包容的心态对待他的缺点，如果能做到这些，或许就能与你不喜欢的人结为朋友。但也有可能你无论如何也找不出他的优点，或根本无法包容他的缺点。对待这种实在无法交往的人，你要做到喜怒不形于色，不当面指责或指出他的毛病，避免和他争吵及发生任何正面冲突。这样就不至于使他们成为你的敌人。因为一旦成为你的敌人，他们就会给你带来很多不必要的麻烦。

（2）与社会名流和关键人物建立关系

社会名流是在社会上有影响的人，与他们建立良好的个人关系无异于为我们的成功插上了翅膀。但这些名流往往都有他们固定的交际圈，一般人很难进入到他们的关系网里。我们可以从如下几个方面入手和他们交往。

第一，在与名流交往之前多了解有关名流的资讯，托人引荐，多参加社会公益活动，多出入名流常常出入的场所，这样，你就会有机会结交到这些社会名流。

第二，在结交这些社会名流时还要注意给对方留下一个好印象，千万不要死缠着别人不放，这样做只能得到相反的结果。

第三，通过一次交往建立良好的关系是很难的，所以，应多制造交往机会，多次接触才能建立较为牢固的关系。

（3）结交成功者和事业伙伴

"近朱者赤，近墨者黑"，讲的就是这个道理。成功人士的优秀品质时时刻刻都能使我们的缺点暴露出来，他们可以成为我们很好的学习榜样，他们的成功事例能不断地激励我们。如果我们和这些成功者关系非常好，这些人还会伸出友谊之手在关键时刻教我们一招或者拉我们一把。总之，与优秀的人和成功者交朋友是储备关系的重要原则。

（4）礼多人不怪

掌握礼节也是建立良好朋友关系必须掌握的原则。和有身份的人交往可能很容易就能做到这一点，因为对方的权势、地位、实力足以使你敬畏，让你不由得就会非常注重礼节。但很多人在交往时却往往容易步入一个误区，即熟不拘礼。他们认为和朋友讲礼节、论客套会伤害朋友的感情。其实这种认识是非常错误的，他们并没有意识到，朋友关系也是一种人际关系，任何人际关系之所以能够存续下去，靠的就是相互尊重，容不得半点强求。礼节和客套虽然繁琐，却是相互尊重的一种重要形式。离开了这种形式，朋友之间的关系就难以存续。因为每个人都希望拥有自己的一片天地，而不讲礼节客套就可能侵入朋友的禁区，干扰到朋友的正常生活，这种情况出现得多了自然会伤害到朋友的感情，如此，再好的关系也会因此而终结。

8.患难之交不可少

不管什么时候，人都离不开朋友，故："对渊博之友，如读奇书异志；对风雅之友，如读名人诗文；对幽默之友，如读传奇小说；对谨慎之友，如读圣贤经传。"世间上每个人都需要朋友。

梦窗国师曾说："知足第一富，健康第一贵，善友第一亲，涅槃第一乐。"经典上也记载着以下四种朋友：朋友如山，朋友如地，朋友如秤，朋友如花。

星云大师在演讲中多次提到过他历年来结交的一些朋友，他说：患难之交犹如春风冬阳，给予我们成长，成就我们求道的因缘。

曾经有个富商，他的儿子天天在外面吃喝玩乐，交了一群所谓的朋友。有一天，富商对儿子说："不要再和那些人在一起了，他们不是你的朋友。""不可能，我们天天在一起玩，他们都是我很要好的朋友。"

他父亲知道无法用语言说服自己的孩子，便说："这样吧，我们做个实验，你明天对你的那群朋友说你误杀了人，官府要缉拿你，看他们怎么帮你。"

第二天，富商的儿子依计行事，他刚讲完，那群人便四散而去。他很颓废地回到家中，像一只落败的公鸡。这时候，父亲对他说："酒肉朋友是靠不住的，能够共患难的人才是你真正的朋友。"

星云大师认为，真正的好朋友应该患难与共，当你需要的时候，他随时都会伸出友谊之手。

所以，朋友的定义应该是：

(1) 难与能与：朋友有了困难，需要你的帮助时，即使自己有困难，也应该勉力而为。

(2) 难做能做：帮朋友做事，只要是好事，纵使做起来不容易也要去做。因为朋友本来就应该互相帮助，能"难做能做"，足证友谊之坚。

(3) 难忍能忍：朋友相处，有时难免会产生误会，在一些看法上产生分歧，乃至在语言上发生口角，此时必须互相包容、容忍，尤其要难忍能忍。如果连一点包容忍耐的胸襟都没有，再好的朋友也不能长久相交。

(4) 秘事相语：好朋友除了能在工作上互相帮忙、协助之外，尤其要能分享自己心里的一些秘密。譬如在做人处世方面，或者财务上、感情上、事业上的秘密，都能和朋友互相协商，一起分享。

(5) 不揭彼过：好朋友可以规劝，可以勉励，但不能张扬他的过失。你张扬他的过错，让他感到难堪，这不是好朋友所为。

(6) 遭苦不舍：当朋友遭遇困难、痛苦时，你不可以舍弃他，不能因为朋友一时潦倒就弃之不顾。势利眼的人，日后也会遭到朋友的唾弃。

(7) 贫贱不轻：和朋友相交，在他荣华富贵的时候固然很欢喜，万一贫穷、失意、受苦受难了，你也不能轻视他。能够贫贱不轻，才是真正的患难见真情。

朋友真的很难得！你会有同学、同事、玩伴、对象，但"朋友"是那种没有血缘胜似亲情的存在，不是谁都可以当得起的。但没关系，真诚并理性地去品味人生，你会拥有对你不离不弃的朋友。

第十章

十修：
大家成佛道，自己度自己

　　和许多传说一样，释迦牟尼的降生也带有强烈的神话色彩。但这并不妨碍我们从中领悟做人的思想和精神。佛祖是在开释我们：人人皆有佛性，人人皆可成佛。

——星云大师

1.不执著，就有办法化解

佛家说："财富会空，真空能生妙有。"星云大师解释说，人在迷惑的时候，往往会有许多心结打不开，这通常都是因为自己钻牛角尖，固执己见，听不进别人的逆耳忠言所致。所以，当我们遭遇不顺、陷入烦恼的时候，无论迷惑、愚痴或邪见，只要不执著，就有办法化解。

有一天，一位信徒向一休禅师告辞："师父，我不想活了，我要自杀。我经商失败，无法应付债主们逼债，只有一死了之！"

"难道就没有别的路了吗？"

"没有了！我已经山穷水尽了，家里只剩下一个幼小的女儿。"

禅师说："我有办法帮你解决，只要你把女儿嫁给我。"

信徒大惊失色："这……这……这简直是开玩笑，您是我师父啊！"

禅师挥挥手说："你赶快回去宣布这件事，迎亲那天我就到你家里，做你的女婿。"

这位信徒素来虔信一休禅师，只好照办。迎亲那天，看热闹的人把信徒家里挤得水泄不通。

一休禅师安步当车抵达后，只吩咐在门口摆一张桌子，上置文房四宝，围观的人更觉稀奇，一个个屏气凝神准备看好戏。一休禅师安安稳稳地坐下来，轻松自在地写起字来，一会儿工夫就摆了一桌的楹联书画。大家看一休禅师的字写得好，争相欣赏，反而忘了今天到底是来做什么的。结果，禅师的字画不到一刻钟就被抢购一空，钱堆成小山一样高。

禅师问这位信徒说："这些钱够还债了吗？"

信徒欢喜得连连叩首："够了！师父您真是神通广大！"

一休禅师轻拂长袖说："好啦！问题解决了，我也不做女婿了，还是做你的师父吧！"

所谓"穷则变，变则通"，能够不断寻求解决之道，就会有所觉悟，有了觉悟就会有受用，此即"迷中不执著，悟中有受用"。

寺庙里，有一位修为深厚的老和尚，他身边聚拢着一帮虔诚的弟子。

这一天，他嘱咐弟子们："徒儿们，你们每人都去南山打一担柴回来。"弟子们匆匆告别师父下山。但行至离南山不远的河边，眼前的一幕却让所有弟子都目瞪口呆——只见水从山上奔泻而下，阻住了去路，弟子们根本无法渡河打柴。见此情景，众人只得悻悻而归，无功而返。弟子们多少都有些垂头丧气，唯独一个小和尚，却与师父坦然相对。

老和尚笑问："打不成柴，大家都很沮丧，为何你却如此淡定？"

小和尚看了看师父，从怀中掏出了一个苹果，递给老和尚，说道："虽然过不了河，打不了柴，但我却看见河边有棵苹果树，上边还结了苹果，我就顺手把这唯一的苹果摘来了。"

后来，这位小和尚成了老和尚的衣钵传人。

世上有走不完的路，却也有过不了的河。遇见过不了的河掉头而回，是一种生存智慧；而在河边摘下一个"苹果"，无疑是一种更大的生存智慧。历览古今，抱持这种生活信念的人，最终大都实现了人生的突围和超越。

目标可以是一个，抵达目标的路线却可以有所不同。在实现目标前，切忌一头扎进去，我们需要静下心来琢磨琢磨选择哪种路线更有效。有时，选择比努力更重要，尤其是在面对成效甚微的努力时，我们更需要放下执念，学会变通。

第一，要告诫自己：有些事情必须选择妥协。

池田大作曾说："权宜变通是成功的秘诀，一成不变是失败的伙伴。"的确，成功除了坚持到底之外，最重要的是必须在该转身和变通的时候，不要固执己见，否则只会让自己离成功的目标越来越远。所以，我们要告诫自己：有些事情必须放下执念，选择妥协。根据情景的变化，及时调整人生的航线是量力而行的睿智和远见，放弃已不再适合局势的航线则是顾全大局的果断和胆识。

第二，要养成学习新知识、接触新事物的习惯。

绝大多数有执念的人，都是一些思想狭窄、看问题片面、不喜欢接受新事物者。他们由于思维方式偏激，观念固定重复，在大脑皮层形成了一个"惰性兴奋中心"，一旦某种思想、观念深深地扎根其中，就很难容下其他思想、观点了。因此，要想放下执念，就得不断学习新知识，接触新事物，开阔自己的思路，养成不断更新思维方式的习惯。要知道，人生如戏，每个人都是自己生命唯一的导演。只有学会选择新事物、放弃旧事物的人才能够彻悟生活，笑看生活，拥有海阔天空的幸福境界。

第三，要善于克制自己，保持适度的自尊。

自尊心过强是导致执念的重要原因，而执念又常在虚荣心的满足中得到发展。"自尊"作为人的一种精神需要固然是必要的，也是良好的。但自尊心过强，并且不是靠智慧、技能、高尚品格获得，而是用执拗、顶撞、攻击、无理申辩来强求，就会发展为固执。固执的人为了达到自己的目的所表现出来的"坚持到底"的行为，与真正的百折不挠、顽强不屈的精神不能相提并论。因此，要想避免陷入执念的泥潭不能自拔，就得加强自我调控，善于克制自己，以保持适度的自尊。

第四，做事认真而不迂腐，灵活而有原则。

做事太认真的人，往往会变得顽固执拗。太认真会让人看不清周围真实的情况，最后受害的是自己，自己受伤、吃了亏还不知道为什么。简而言之，就是认真的生活态度是需要的，但认真得过头就大事不妙了。

2.扫地扫地扫心地

大千世界，灰尘微不足道，它既不会遮挡视线，也不会遮盖心灵，但若任由灰尘慢慢累积，物体本相将会被掩盖直至变质，镜子将不再明亮，金子将不再闪光，人的呼吸也会不再顺畅。

现实如此，精神世界同样如此。就人类的心灵而言，它不是我们的头脑，也不是我们的心脏，但它就在我们的头脑里，在我们的心脏里，在我们的每一寸肌肤里。精神世界的灰尘就好比每个人内心里的自私、贪欲等。与现实的灰尘相比，精神世界的灰尘无影无形，更具隐蔽性，更容易在精神世界堆积，让生命失常，让心灵失色。

因此，星云大师说，我们必须学会扫除心灵上的灰尘。我们每天都要经历很多事情，开心的、不开心的，都在心里安家落户。有些痛苦的情绪和不愉快的记忆，如果一直压抑在心中，就会使人萎靡不振。所以，扫地除尘，能够使黯然的心变得明亮。把一些无谓的争端扔掉，生存就有了更多更大的空间。

一个皇帝想要整修京城里的一座寺庙，他派人去找技艺高超的设计师，希望能够将寺庙整修得美丽又庄严。

下面的人找来了两组人，其中一组是京城里很有名的工匠与画师，另外一组是几个和尚。皇帝不知道到底哪一组人员的手艺比较好，便决定给他们机会做一个比较。

皇帝要求这两组人员各自去整修一个小寺庙，3天后，皇帝要来验收成果。

工匠们向皇帝要了一百多种颜色的颜料，又要了很多工具；和尚们则只要了一些抹布与水桶等简单的清洁用具。

3天后，皇帝来验收。

他首先看了工匠们所装饰的寺庙，工匠们敲锣打鼓地庆祝工程的完成，他们用了非常多的颜料，以非常精巧的手艺把寺庙装饰得五颜六色。

皇帝满意地点点头，接着回过头来看和尚们负责整修的寺庙。他看了一下就愣住了，和尚们所整修的寺庙没有涂上任何颜料，他们只是把所有的墙壁、桌椅、窗户等都擦拭得非常干净，寺庙中所有的物品都显出了它们原来的颜色，而它们光亮的表面就像镜子一般，反射出从外面而来的色彩，那天边多变的云彩、随风摇曳的树影，甚至是对面五颜六色的寺庙，都变成了这个寺庙美丽色彩的一部分，而这座寺庙只是宁静地接受着这一切。

皇帝被这庄严的寺庙深深地感动了，最终的结果不言而喻。

我们的心就像一座寺庙，我们不需要用各种精巧的装饰来美化自己的心灵，只要让内在原有的美无瑕地显现出来就可以了。

如果你珍爱生命，请你修养自己的心灵。人总有一天会走到生命的终点，金钱散尽，一切都如过眼云烟，只有精神长存世间，所以，人生的追求应该是一种境界。

在纷纷扰扰的世界上，心灵当似高山不动，不能如流水不安。居住在闹市，在嘈杂的环境之中，不必关闭门窗，只任它潮起潮落，风来浪涌，我自悠然如局外之人，没有什么能破坏心中的凝重。身在红尘中，而心早已出世，在白云之上，又何必"入山唯恐不深"呢？

佛说，如果一个人内心有痛苦，那就说明这个人的内心一定有和这个痛苦相对应的恶存在；如果一个人内心已经没有任何恶，那么这个人的心灵是根本不会感到痛苦的。

这里说的"恶"，并非指"大奸大恶"，也不是指一些违法乱纪的事情，而是说我们心中有贪、嗔、痴等污秽，便有种种尘劳落下，蒙在心上，让我们的心透不过气来。

有一个青年向一位禅师请教："大师，为什么像我这样善良的人还会经常感到痛苦，而那些恶人却活得好好的呢？"

禅师慈悲地看着他说："既然你还经常感到痛苦，说明你内心还有恶存在，还不是纯粹的善人，而那些你认为是'恶人'的人，未必就是真正的恶人。"

这个青年不服气地说："我怎么会是一个恶人呢？我的心地一向很善良！"

禅师说："请你将你的痛苦略说一二，我来告诉你，你内心存在着哪些恶！"

青年说："我的痛苦很多！我有时感到自己的工资收入很低，住房也不够宽敞，经常有'生存危机感'，因此心里经常感到不痛快，并希望尽快改变这样现状；社会上一些没有什么文化的人，居然也能腰缠万贯，而我这样一个有文化的知识分子，每月就这么一点收入，实在是太不公平了；我的家人有时不听我的劝告……"就这样，青年向禅师述说了一大堆自己的痛苦。

禅师笑得更加慈祥了，他和颜悦色地对青年说："你目前的收入足够养活你自己和全家，你们全家也有房屋住，根本不会流落街头，只是面积小了一点而已，你完全可以不必要为这些痛苦。可是，因为你内心对金钱和住房有贪求心，所以会痛苦。这种贪求心就是恶心，如果你已经将内心的这种贪求恶心去除了，你就根本不会因为这些而感到痛苦了。"

"社会上一些没有文化的人发财了，你感到不服气，这是嫉妒心，嫉妒心也是一种恶心。你认为自己有了文化，就应该有高收入，这是愚痴心，因为有文化根本不是富裕的因，前世布施才是今世有钱的原因，愚痴心也是一种恶心！"

"你的家人不听你的劝告，你感到不舒服，这是没有包容心。虽然是你的家人，他们却有自己的思想和观点，为什么非要强求他们的思想和观点和你一致呢？不包容就会心量狭隘，这是狭隘心，心量狭隘也是一种恶心！"

佛家认为，贪求心也好，嫉妒心也好，傲慢心也好，愚痴心也好，心量狭隘也好，这些都是"恶"心。因为你的内心存在着这些"恶"，所有你就有和这些恶相对应的痛苦存在。如果你能将内心的这些恶彻底去除，那么你的那些痛苦也会烟消云散。

所以我们要"自己动手，主动清理"，调整自己的心态，抛却那些对我们不利的"恶"心，扫掉心里积压已久的尘埃，让心接触到这个世界。

3.无挂碍故，无有恐怖

星云大师说：有的人因为对"有"的认识不足，总是在有所得的心态下生活，人生中的一切似乎都能令其生起执著。比如在日常生活中，我们会执著于地位、执著于财富、执著于事业、执著于信仰、执著于情感、执著于家庭、执著于生存的环境、执著于拥有的知识、执著于自身的见解等。由于执著的关系，我们对人生的一切都产生了强烈的占有、恋恋不舍的心态，执著给我们的人生带来了种种烦恼。

《心经》从照见五蕴皆空，到无苦集灭道，都是针对我们对"有"的错误认识及执著，揭示存在现象是无自性空，是假有的存在，其目的就是要我们放弃错误的认识，同时也放弃对它的执著。像《金刚经》所说的"不住色生心，不住声香味触法生心"那样去生活。

"无智亦无得，以无所得故。"意思是说，认识到所缘境空之后，放弃了对境界的执著，那这颗能认识的心是否实在呢？不然，心也是缘起的。比如说，眼睛认识活动的产生，它要依赖九个条件：即眼睛、色尘、光线、空间、种子、俱有依、分别依、染净依、根本依。其他一切精神活动都一样，也都是缘起性的。当我们认识到所缘境空，不对"有"生起实在的执著，是无得；此时妄心自然息灭不起，是无智。

《大般若经》说："一切法不生则般若生，一切法不现则般若现。"在妄心、妄境、妄执息灭的情况下，此时显现的清净心、平常心便是般若的功用。

"菩提萨埵，依般若波罗密多故，心无挂碍。""菩提萨"是"菩萨"的全称，梵语"菩萨"唐译"觉有情"，具有觉悟有情或令他有情觉悟的意思。"觉有情"是相对有情说的。有情，以情爱为中心，对世间的一切都想占有它、主宰它，想使与自我有关的一切从属于我，要在我所的无限扩大中，实现自我的自由，然而，不知我所关涉的愈多，自我所受的牵制愈甚。觉者则不然，以般若观照人生，无我，无我所，超越了世间的名利，因而心无牵挂。

禅者隐居山林之中，面对青山绿水、一瓶一钵，了无牵挂，对于他们来说，生死都已不成问题，还有什么可以值得他们操心呢？

佛陀时代，有一位跋提王子在山林里参佛打坐，不知不觉中，他喊出了："快乐啊！快乐啊！"佛陀听到了就问他："什么事让你这么快乐呢？"跋提王子说："想我当时在王宫中时，日夜为行政事务操劳，处理复杂的人际关系，时常又要担心自身的性命安全，虽住在高墙深院的王宫里，穿的是绫罗锦缎，吃的是山珍海味，多少卫兵日夜保护着我，但我总是感到恐惧不安，吃不香睡不好。现在出家参佛了，心情没有任何负担，每天都在法喜中度过，无论走到哪里都觉得自在。"

"无挂碍故，无有恐怖。"有情因为有执著、有牵挂，对拥有的一切都足以产生恐怖。比如，一个人拥有了财富，他就会害怕失去财富，想法子保存它；拥有地位，就会害怕别人窥视他的权位；拥有色身，就会害怕死亡的到来；穿上了一件漂亮的衣服，怕弄脏了；谈恋爱，害怕失恋；拥有娇妻，害怕被别人拐去；黑夜走路，害怕别人暗算；在大众场合说话，害怕说错了丢面子。总之，对拥有的执著牵挂，使得我们终日生活在恐怖之中。

觉者看破了世间的是非、得失、荣辱，无牵无挂，自然不会有任何恐怖。就像死亡这样大的事，在世人看来是最为可怕的，而禅者却是一样自在洒脱。

4.认清自己，才不至于迷失本相

星云大师说，很多人最引以为豪的事就是能在某个地方听到别人呼喊自己的名字，其实，就是想把自己最真实的一面展示出来。能做真正的自己，这是对生命最好的诠释。

全世界有那么多人，为什么成功的就那么几个？其中最重要的原因就是他们不会做自己，只想去做别人。这些人看到别人的成功就想复制，殊不知，每个生命在这个世界都是唯一的存在，没有哪一个生命会和另一个生命完全一致，那些成功人士想的是如何把生命尽情地展示出来，而不仅仅是复制别人。

大珠慧海千里迢迢，求见马祖道一禅师。

马祖问他："你来这里做什么？"

大珠答道："来求佛法。"

马祖说："我这里什么也没有，哪有佛法可求？你自己有宝藏不顾，离家乱走做什么？"

大珠既惊又惑，急忙问道："什么是我的宝藏呢？"

"现在问我的，就是你自己的宝藏。"马祖进一步启示说，"它一切具足，毫无欠缺，你可随心所欲运用它，何必要向外寻来呢？"这一番睿智之语，使大珠顿悟。所谓的"宝藏"，就是指个人的"自性"。

南塔光涌是五代时期的禅僧。19岁那年，他去拜谒仰山慧寂禅师。

仰山问他："你来做什么？"

光涌答："来拜见禅师。"

仰山又问："你见到禅师了吗？"

光涌答："见到了！"

仰山再问："禅师的样子像不像驴马？"

光涌答："我看禅师也不像佛！"

仰山追问："既不像佛，那么像什么？"

光涌答："若有所像，与驴马有何分别？"

仰山大为惊叹，说："圣凡两忘，情尽体露。恐怕二十年中，都没有人能优胜于你。你好好保重。"

仰山为什么要惊叹？无他，只因光涌答得妙：禅师就是禅师，不管你像驴像马像佛，但你本质上就是个禅师，像与不像有什么干系，是与不是才重要。同样的道理，你就是你，我就是我，不管你是不是像刘德华，我是不是像张曼玉，但你终究不是刘德华，我也终究不是张曼玉，既然不是，那就做好自己，争取有朝一日让别人对别人说："你看你长得多像某某某（您的大名）啊！"

勇敢地做自己是成功的条件之一。这个世界不会出现第二个比尔·盖茨，也不会出现第二个牛顿，因为他们已经存在，你唯一能做的就是做好自己，然后超越他们。当别人问你最崇拜的人是谁的时候，你可以很自信地告诉他：我自己。

一个人如果有勇气佩服自己，那他注定会成就一番不平凡的事业。因为他把心思全部放到了自己身上，不会管别人怎么样，别人有再大的成就也是他们的，与你无关。自己的生命只有自己最懂得珍惜，也最看重。每个人都希望自己的价值能充分地体现出来，只有这样，你才是你，你才能让别人知道你的存在。

所以，不要去管别人怎么样，我们要想的是自己应该怎么样。我们想做什么样的人，就要朝着这个方向去努力，抛开世俗的束缚，勇敢地去追求，做一个真正的自己。

5.人人皆可成佛

星云大师在讲道时说过，和许多传说一样，释迦牟尼的降生也带有强烈的神话色彩，但这并不妨碍我们从中领悟做人的思想和精神。比如佛祖刚刚降生之际便说"天上天下，唯我独尊"——乍听起来倒像是出自武侠小说中的魔教教主之口，而实际上是我们的理解太过于表面化了。"唯我独尊"中的"我"，并不是指个人的"小我"，而是指广大众生的"大我"，是指大千世界中的每一个人。佛祖是在开释我们：人人皆有佛性，人人皆可成佛。

元持和尚在无德禅师座下参学，虽然精勤用功，但始终无法有更深的体悟。

有一天，元持请示无德禅师道："弟子入林多年，一切仍然懵懂无知，空受供养，每日一无所悟，还请老师慈悲指示，每天在修持、作务之外，还有什么必修课程？"

无德禅师答道："你要看管你的两只鹜、两只鹿、两只鹰，并且约束口中一条虫，同时，还要不断地斗一只熊，看护好一个病人。如果能做到这些并善尽职责，相信对你会有很大的帮助。"

元持不解地说："老师！弟子孑然一身来此参学，身边并不曾带什么动物，要如何看管？何况，我问的是参学的必修课程，与这些动物又有什么关系？"

无德禅师含笑说："两只鹜，就是你需要警戒你的双眼，非礼勿视；两只鹿，是你需要把持住双脚，不要走上罪恶之路，非礼勿行；两只鹰，是你的双手，要让它经常工作，善尽职责，非礼勿动；一条虫是你的舌头，你需要紧紧约束，非礼勿言；一只熊是你的心，你要克制它的私心杂念，非礼勿想；病人就是你的身体，希望你不要让它陷于罪恶。在修道上，这些实在是不可缺少的必修课程。"

禅是什么？禅就是生活，学禅悟禅，不是高深莫测的弥陀经文，而是立足于生活本身。

参禅如此，生活亦如此，一切从自己做起，从把握自己做起。一个人如果连自己都控制不住，还谈什么觉悟呢？

人生最大的敌人不是别人，而是自己。每个人都有心魔，心魔代表着罪恶、贪婪、私欲、欺骗、狡诈等，这些东西能影响一个人的一生，如果你控制不住这些东西，就不会明白什么是成功。你能成就自己，也能毁掉自己。所以，命运掌握在自己手中，要想成就自己，就必须先把自己征服，控制住自己才能掌控别人。

每个人的心里或多或少都存有一些杂念，这些杂念在一般人看来只是小事，但在一些有理想的人眼里，这些都是影响自己前进的绊脚石，如果不能把这些绊脚石踢走，你的一生都将遭遇坎坷。能控制自己的人，他的心必定非常坚定，遇到事情能够果断处理，而不会受到外界的干扰或诱惑。

每一位成功的人背后必定有一场和自己的战争。战胜不了自己的人，在人生旅途中注定是一个失败者。所以，我们要学会控制自己，在生活实践中磨炼自己，把那些棱角磨去，让岁月见证自己的成长。

生活给予了我们一个大舞台，要想让自己在舞台上成为主角，首先必须在平时的生活中修炼自己，把自己的心智和能力提升上来，这样打好基础，当站在舞台上的时候才会闪亮耀眼，一鸣惊人。

6.修行即是做事，生活无处不禅

人生的道路，无论是崎岖还是平坦，都要靠自己去走；人生的滋味，不管酸甜苦辣，都要自己品尝。没有人能成为永远的赢家，也没有人会是真正的失败者，只要你有信心，只要你和气、安忍，就能无欲则刚，能忍自安。

道谦禅师与宗圆禅师结伴而行，四处参访行脚，风餐露宿，跋山涉水，非常辛苦。宗圆疲惫不堪，吃不了这个苦头，几次三番闹着要回去。

道谦想了想，就安慰他说："我们决心出来参学，而且也走了这么远的路，现在半途放弃回去，实在可惜。这样吧，从现在起，只要是可以替你做的事，我一定代劳。"

宗圆很高兴，说："那我可轻松多了。"

道谦却说："那可不一定，有五件事情我都帮不上忙。"

宗圆问道："哪五件事呢？"

道谦："穿衣、吃饭、拉屎、撒尿、走路。"

宗圆终于大悟，从此再也不说辛苦。

清末的康有为说过，冬天晒太阳是一件很惬意的事情，但你不能指望别人替你去晒，你必须自己走到阳光下。民间有句谚语说："黄金随着潮水来，捞起你也得弯弯腰！"

世上根本就没有不劳而获的道理，类似穿衣、吃饭、拉屎、撒尿、走路这样的小事情，别人丝毫都不能代替，更何况顿悟这等大事呢？实践出真知，即便天上真的会掉馅饼，也掉不到一个空想家的头上。

百丈怀海是马祖道一座下最著名的入室弟子，出师后住在江西百丈山。四方禅僧纷至沓来，其门下人才济济，如沩山、希运等，后来都成了一代宗师。

百丈禅师对禅宗的一个巨大贡献就是订立了著名的禅门清规——《百丈清规》，大力倡导"农禅"的生活。

许多佛教徒认为他这样做是犯了"戒"律，但百丈禅师不为所动，仍然以身作则，亲自带领徒弟们下地劳动，并且发誓说要"一日不作，一日不食"。

岁月不饶人，转眼间，百丈禅师到了两鬓苍苍、颤颤巍巍的风烛残年。虽然体力不支，但他仍然不听众人劝告，坚持下田劳动。

有个僧人灵机一动，想出了一个"好"办法。他趁禅师入睡的时候，把他下地劳动的工具偷走藏了起来，心想：这下师父就不用再下田了。

百丈禅师醒来后发现工具不见了，又看到徒弟们面有喜色，就知道是他们捣的鬼。虽然他也知道徒弟们这是为他好，但自己订立的规矩和坚守的信条怎么能就此打破？他说："我没什么德行，怎么敢让别人养着我呢？"于是便以绝食抗议徒弟们的关心，"我既然发誓一日不作，一日不食，就该终生遵守。现在我没工具下地干活，违背了誓言，就只好用绝食来谢罪啦。"

徒弟们一看师父要来真格的，慌得不得了，赶紧又把工具偷偷放了回去。

星云大师说，有人以为参禅，不但要摒绝尘缘，甚至工作也不必去做，认为只要打坐就可以了。其实不做工作，离开生活，哪里还有禅呢？不去实践，哪里还能悟呢？不管念佛也好，参禅也好，都不要为自己的懒惰找借口。靠自己的双手去生活，远比依赖别人要踏实得多。

普通人对禅的认识的最大误区之一，就是把做事与修行分开。其实，黄檗禅师开田、种菜，沩山禅师和酱、采茶，石霜禅师磨麦、筛米，临济禅师栽松、锄地，雪峰禅师砍柴、担水，还有仰山禅师的牧牛、洞山禅师的果园，等等，都说明禅在生活中，生活才是禅。从生活中发现快乐和满足，顿悟修行的真谛。

7.不急不急，慢慢来

星云大师在《不急》一文中说到，中国文化给人的感觉一直是沉稳、含蓄的，就如太极拳般心平气和、不急不躁。《论语》说："欲速则不达，见小利则大事不成。"但是，当今社会，经济正在高速发展，物质水平不断提高，不少人似乎少了耐心，多了急躁；少了冷静，多了盲目；少了脚踏实地，多了急于求成……在市场经济的大背景下，很少人能按捺住自己躁动的心，守住自己可贵的孤独与寂寞，而是变得越发浮躁和一定程度的急功近利。

"浮躁"指轻浮，做事无恒心，见异思迁，不安分守己，脾气急躁，总想投机取巧。浮躁是一种情绪，一种并不可取的生活态度。浮躁者对现有目标的专注度不够、耐心度不足，对现有的目标拥有不切实际的想法和希望。浮躁不仅是人生最大的敌人，还是各种心理疾病的根源。

浮躁这种情绪对我们生活的影响越来越大。人浮躁了，就会终日处在又忙又烦的应急状态中，脾气会变得暴躁，神经会越绷越紧，长久下来，会被生活的急流所裹挟。这种情绪在人的内心里积存下来，久而久之，就会逐渐变成某些人固有的性格，使他们在任何时候任何环境中，都不能平静下来，进而不自觉地在盲目和冲动的情况下，做出错误的决定，给自己造成更大的精神压力，让自己越来越急躁，终究形成恶性循环，一发不可收拾。因此，想成就大事者，要心存高远，更要脚踏实地。

有一个小和尚，每次坐禅时都感觉有一只大蜘蛛在他眼前织网，无论怎么赶都不走，他只好求助于师父。师父就让他坐禅时拿一支笔，等蜘蛛来了就在它身上画个记号，看它来自何方。小和尚照师父交待的去做，当蜘蛛来时，他就在它身上画了个圆圈，蜘蛛走后，他便安然入定了。

当小和尚做完功一看，却发现那个圆圈在自己的肚子上。原来，困扰小和尚的不是蜘蛛，而是他自己。

蜘蛛就在他心里，因为他心不静，所以才感到难以入定，正像佛家所说："心地不空，不空所以不灵。"

在生活中，人们热情饱满，凡事跃跃欲试，自然不是什么坏事，生活本来就需要这样一股劲头。如果每天生活得懒散不羁，对人对事毫无热情，生活就会成为一潭死水，毫无生机可言。但热情也要讲究方式，热情用在积极的心态上，是一种动力；而人们所表现出的浮躁，则是一种对热情的错误运用。

浮躁的人虽然并不缺乏生活热情，却缺少合理分配和利用热情的能力。这类人在处事上常常缺乏理智，容易半途而废、浅尝辄止，宜将热情消极化。如梁实秋所说，为迫切完成某事而心浮气躁，就容易导致言行过分，这不仅有碍于人际关系，容易语出伤人，更容易分散心智，影响做事的效率或是错过眼前的良机。

谭传华用一把小小的木梳打开了他的商业市场，他创立的"谭木匠"让他成为了一个成功的商人，或者说成功的企业家。成功后的谭传华，在成功面前变得有些膨胀和浮躁。因为浮躁，他有过一次失败的投资，这次"出轨"的投资，就是他把目光转向了电视业。

成功后的谭传华，在几个朋友的怂恿下，决定投资拍摄方言电视剧《爬坡上坎》。在投资了250万元之后，这部电视剧一度给他带来了不小的惊喜：那年春节前，多家电视台打电话预订这部电视剧，以至于公司的两部联络电话"都打爆了"。但是，谭传华"明显感觉到以后还会有更大的买家找上门"，所以他决定再"等一等"。但是春节过后，公司的两部联络电话安静得像两个古董，再没有发出任何声音。无奈之下，谭传华以150万元的价格，勉强将这部电视剧卖了出去。这一次，谭传华损失了100万元。

对于谭传华来说，这是一个教训。他意识到了自己的浮躁，经过再三考虑后，他给自己定下了方向，那就是不能走"多元化"的发展道路，要专心于他的治木特长。如今，"谭木匠"加盟店数量已超过了500家，在新加坡、马来西亚等地，也有了该品牌的加盟店。

其实，成功与失败，平凡与伟大，往往就在等待的一念之间。许多成功人士的重要秘诀也就在于他们将全部的精力、心力放在了一个目标上，而且善于等待。而另外一些人，他们虽然很聪明，但心存浮躁，做事不专一，缺乏意志和恒心，到头来只能是一事无成。

改变浮躁性格可以从以下几个方面来做：

（1）在实践中锻炼耐心

耐心都是锻炼出来的，缺乏耐心就等于自动丢掉了成功的机会。在生活中多多锻炼自己的耐心，做每一件事时都要学会安下心来，不要总想着结果如何，要把精力放在如何做好这件事上。

（2）多看有积极意义的电影或书籍

这既能让你放松心情，调节生活节奏，也能为你带来更强大的生命动力，让你拥有更多的生活热情。

（3）遇到急事先冷静

焦急的情绪并不能帮你解决任何问题，只有思考才行。思考一下如何做才能最大限度地降低损失，怎么样处理才能较合理地解燃眉之急，然后马上去行动。

（4）学会循序渐进地做事

凡事不可贪大，成功要一步一步来。做事前首先要安下心来，为自己树立起框架，然后从最微小的部分做起，循序渐进，逐渐完成。